Shaista Habib
Hafeez Ullah Janjua
Muhammad Ashfaq

Nova série de amidas e complexos metálicos de transição com bioensaio

Shaista Habib
Hafeez Ullah Janjua
Muhammad Ashfaq

Nova série de amidas e complexos metálicos de transição com bioensaio

Atração da amida

Imprint

Any brand names and product names mentioned in this book are subject to trademark, brand or patent protection and are trademarks or registered trademarks of their respective holders. The use of brand names, product names, common names, trade names, product descriptions etc. even without a particular marking in this work is in no way to be construed to mean that such names may be regarded as unrestricted in respect of trademark and brand protection legislation and could thus be used by anyone.

Cover image: www.ingimage.com

This book is a translation from the original published under ISBN 978-3-659-87663-9.

Publisher:
Sciencia Scripts
is a trademark of
Dodo Books Indian Ocean Ltd. and OmniScriptum S.R.L publishing group

120 High Road, East Finchley, London, N2 9ED, United Kingdom
Str. Armeneasca 28/1, office 1, Chisinau MD-2012, Republic of Moldova, Europe
Managing Directors: Ieva Konstantinova, Victoria Ursu
info@omniscriptum.com

Printed at: see last page
ISBN: 978-620-3-28018-0

Índice:

**Síntese e Caracterização de Novas Séries de Amidas
e de Transição com Complexos Metálicos de Bioensaio
Shaistah Habib Janjua, M. Phil**
Departamento de Química
Universidade Islamia de Bahawalpur
Bahawalpur, Paquistão
**Dr. Muhammad Ashfaq
Professor**
Departamento de Química
Universidade Islamia de Bahawalpur
**Hafeez Ullah Janjua, PhD
Professor Assistente**
Departamento de Física,
Universidade Islamia de Bahawalpur,
Bahawalpur, Punjab, Paquistão
&
Departamento de Física,
Universidade Bahauddin Zakariya
Multan, Paquistão

Dedicado a
O Santo Profeta MUHAMMAD ﷺ

انتساب

سرکارِ دو عالم، حضورِ اکرم، سیّدِ عالم، نورِ مجسّم، شاہِ بنی آدم، رسولِ مُحتشم، رحمتِ عالم، سرکارِ خیرُ الاٰنام، نبی کریم، محبوبِ ربّ عظیم، رؤف رحیم، سرکارِ نامدار، مدینے کے تاجدار، دو عالم کے مالک و مختار، شہنشاہِ ابرار، بادشاہِ پرودزگار، سرکارِ عالی وقار، حضورِ سراپا نور، شافع یومُ النُّشور، فیض گنجور، شاہِ غیور، حضورِ انور، شافعِ حشر، مدینے کے تاجور، بادشاہِ ربّ اکبر، غیبوں سے باخبر، محبوبِ داورِ عزّ وجلّ وصلّی اللہ تعالیٰ علیہ واٰلہ وسلّم

سرکارِ مدینہ، سلطانِ با قرینہ، قرارِ قلب و سینہ، فیض گنجینہ، صاحبِ معطّر پسینہ، باعثِ نُزولِ سکینہ، راحتِ قلب و سینہ، سلطانِ مکّۂ مکرّمہ، تاجدارِ مدینۂ منوّرہ، اللہ کے حبیب، حبیبِ لبیب، دانائے غیوب، مُنزّہ عنِ العیوب، اللہ کے محبوب، اللہ کے پیارے رسول، رسولِ مقبول، سیّدہ آمنہ کے گلشن کے مہکتے پھول عزّ وجلّ وصلّی اللہ تعالیٰ علیہ واٰلہ وسلّم ورضی اللہ تعالیٰ عنہا

میٹھے میٹھے مکّی مدنی آقا، حضرتِ سیّدنا محمد مصطفیٰ، حضورِ اقدس، نبیِ رحمت، تاجدارِ رسالت، شہنشاہِ نبوّت، پیکرِ جود و سخاوت، سراپا رحمت، شفیعِ امت، محبوبِ ربُّ العزّت، میرے میٹھے مدینے کے عظمت والے سلطان، سلطانِ دو جہان، شہنشاہِ کون و مکان، رحمتِ عالمیان، سرورِ ذیشان، محبوبِ رحمٰن، شفیعِ مجرمان، نبیوں کے سلطان، سردارِ دو جہان، شہنشاہِ زمین و آسمان، امامُ الانصارِ والمہاجرین، مُحبُّ الفقراءِ والمساکین، جنابِ رحمۃٌ للعٰلمین، رحمتِ کونین، سلطانِ حرمین، ناائے حَنَین عزّ وجلّ وصلّی اللہ تعالیٰ علیہ واٰلہ وسلّم ورضی اللہ تعالیٰ عنہا

کے نام

(ماخوذ از انتساب کیا حکام مکتبۃ المدینہ کراچی)

Agradecimentos

Todos os agradecimentos e louvores ao Todo-Poderoso **ALLAH** (O mais Gracioso e o mais Misericordioso) que me permitiu completar este trabalho. Todos os respeitos ao Santo Profeta **Hazrat Muhammad**(ﷺ) que me permitiu reconhecer o nosso Criador e compreender a filosofia de vida.

Dr. Muhammad Ashfaq, Departamento de Química, pela sua orientação inspiradora e encorajamento contínuo durante a realização deste projeto de investigação. Dr. Faiz-ul-Hassan Naseem, Presidente do Departamento de Química, por ter disponibilizado todas as instalações necessárias. Transmito os meus agradecimentos ao respeitado Dr. Muhammad Mahboob Ahmad, a Miss Salma Shaheen (bolseira de doutoramento) e a RukhsanaTabassum pelas suas sugestões e votos de felicidades durante o meu trabalho de investigação. Um agradecimento especial a Mudassir Jamil, Muniba Ilyass, Syed Shoaib Ahmed Shah e aos meus outros colegas de investigação pela sua cooperação, encorajamento e apoio moral. Gostaria de agradecer à Universidade H.E.J. de Karachi pela espetroscopia de massa e ^{1}HNMR. Apresento os meus cumprimentos ao pessoal do laboratório e do escritório pela sua ajuda constante durante o meu trabalho de investigação.

Por último, exprimo a minha mais sincera gratidão aos meus queridos pais, irmãos e amigos, cujo apoio moral e orações são uma grande fonte de força para mim.

Shaista Habib Janjua Hafeez Ullah Janjua, PhD

CAPÍTULO 1
INTRODUÇÃO

As amidas são os indivíduos de um conjunto de misturas naturais que contêm azoto. Em particular, as amidas são obtidas a partir de corrosivos carboxílicos que contêm o grupo COOH, e numa amida a parte OH desse grupo é suplantada por um grupo NH2 de ácidos carboxílicos. A combinação de N-alquil amidas (amidas auxiliares e terciárias) tem sido um passatempo fantástico, uma vez que são intermediários fabricados de vários artigos comuns, produtos de limpeza, polímeros, pesticidas e produtos farmacêuticos, por exemplo, antifúngicos [1-9], hostis à tuberculose, contra tumores [10-17], neurofarmacologia, contra o VIH, antibacterianos [1833], movimento calmante [34-36], sedativos de vizinhança, terapêuticos [37]. As poliamidas estão entre os polímeros mais utilizados, descobrindo [38] as suas aplicações em plásticos e fios (por exemplo, nylon) [39]. Como efeito secundário das ligações de hidrogénio entre cadeias, que são a razão dos seus elevados focos de liquefação, os nylons indicam elevadas propriedades mecânicas, de resistência ao calor e sintéticas [40]. As amidas gordas insaturadas (FAAs) referem-se a uma classe crescente de lípidos que têm estado envolvidos num número diferente de procedimentos fisiológicos e obsessivos. Os agentes FAAs incorporam o canabinóide endógeno N- araquidonoil etanolamina (anandamida) [41] e a substância de reserva 9(Z)- octadecenamida (oleamida). Os impactos neurofarmacológicos dos FAAs, em conjunto com a sua segregação do líquido cefalorraquidiano e do tecido mental, propõem que estas misturas sirvam de sinalizadores críticos no sistema sensorial focal (SNC). O ibuprofeno de controlo privado produz impactos sinérgicos com o canabinóide endógeno anandamida (arachidonoylethanolamide, AEA) no teste da formalina, sendo a colaboração antecipada pelo AM251 A amida 2-butílica corrosiva lisérgica é uma das poucas subsidiárias da lisergamida a ultrapassar o poder do LSD nos exames de segregação de drogas por criaturas. A principal utilização desta droga tem sido em estudos do local de ligação no recetor 5-HT2A, através do qual o LSD exerce a maior parte dos seus efeitos farmacológicos [42]. Os carboxilatos de éter amida, que são conhecidos como tensioactivos menos irritantes, não provocam qualquer sensação de chiado durante a utilização. No entanto, provocam uma sensação de escorregamento grave, caraterística dos tensioactivos aniónicos, da biodegradabilidade e da atividade antimicrobiana de alguns tensioactivos de amida-éter-carboxilatos. A aplicação de tensioactivos de amido-éter-carboxilatos em detergentes inclui uma composição cosmética que contém amido-éter-carboxilatos, uma composição detergente em que um tensioativo de amido-éter-carboxilatos é utilizado juntamente com um polioxietileno-alquil-sulfato, um ácido amido-éter-carboxílico e um detergente que contém um sabão como componente principal juntamente com um ácido amido-éter-carboxílico e um sal de ácido alquil-éter-carboxílico. As salicilanilidas substituídas (2-hidroxi-N-fenilbenzamidas) mostraram uma boa atividade antimicobacteriana contra M. tuberculosis sensível aos fármacos e algumas estirpes de micobactérias atípicas (Mycobacterium avium, Mycobacterium kansasii) com CIM para salicilanilidas di- e trihalogenadas na gama de 1-32 mmol/L para todas as estirpes testadas [43]. As amidas supramoleculares são utilizadas como receptores moleculares [44] e no reconhecimento molecular [45] de substratos que interagem biologicamente, incluindo amidas macrocíclicas activas contra o VIH. Os complexos de cobre de compostos macrocíclicos apresentam actividades antibacterianas e antifúngicas superiores às dos compostos macrocíclicos não complexados [46]. Os macrociclos quirais de fluorofórmio [47] com deteção de fluorescência apresentam atividade antibacteriana [48] e as amidas de ciclofano apresentam uma boa atividade anti-inflamatória. O cloreto de manganês provoca a perda de células germinativas testiculares em ratos e coelhos, tendo sido registada uma diminuição da libido e impotência num homem exposto profissionalmente ao manganês. Os complexos macrocíclicos de Mn(II) apresentam um amplo espetro de atividade biológica. Os anestésicos locais podem ser classificados como sendo do tipo éster: benzocaína, cloroprocaína, cocaína, piperocaína, procaína, tetracaína, etc. ou do tipo amida: licocaína, mepivacaína, bupivacaína, prilocaína, articaína, ropivacaína, etc. As reacções de hipersensibilidade de tipo IV aos anestésicos locais estão bem documentadas na literatura, predominantemente aos anestésicos de tipo éster [49], mas também aos de tipo amida [50]. Os medicamentos que contêm flúor, como o tegadifur, a flutamida e a ciprofloxacina, têm sido atractivos pelas suas propriedades especiais. O diflunisal (1, CAS 22494-42-4), ácido 20,40- difluoro-4-hidroxibifenil- 3-carboxílico, foi aprovado em todo o mundo como terapêutica para o tratamento da inflamação e da dor [51]. Trinta e seis novos derivados amida quinoxalina 1, 4-di-N-óxido foram sintetizados e avaliados como potenciais agentes anti-tuberculosos, obtendo valores biológicos semelhantes aos do composto de referência, a rifampicina (RIF). Uma série de N-sulfonil-3,7-dioxo-5b-cholan-24- amidas, análogos do ácido ursodesoxicólico, foi preparada e avaliada contra as linhas celulares HCT-116, MCF-7, K562 e SGC-7901. Os resultados mostraram que a maior parte das sulfonamidas preparadas apresentou citotoxicidade selectiva contra as linhas celulares HCT-116, MCF-7 e K562. A partir das relações estrutura-atividade, podemos concluir que a introdução de grupos sulfonamida na posição 24 em 3, 7-dioxo-5b-cholan está associada a uma maior atividade citotóxica. Este estudo pode fornecer informações valiosas para a conceção e o desenvolvimento de agentes anticancerígenos mais potentes [52].

Tendo em conta as aplicações referidas na literatura, os principais objectivos do plano de investigação são os seguintes

Finalidades e objectivos

Síntese de derivados de amida utilizando DCM:

Sintetizar complexos de ligandos (derivados de amidas) de metais de transição (Cu^{2+}, Co^{2+}, Cr^{2+}, Zn^{2+}, Mn^{2+}, $Ni^{(2+)}$, Bi^{2+}).

Efetuar ^{1}HNMR e análise espectroscópica de massa.

Para efetuar a caraterização espectroscópica FTIR.

Efetuar a análise espectroscópica de ^{1}HNMR.

Efetuar a análise espectroscópica de massa.

CAPÍTULO 2
REVISÃO DA LITERATURA
2.1 História da amida

Uma amida é um composto com o grupo funcional R $_n$ E(O)xNR'2 (R e R' referem-se a H ou a grupos orgânicos) As amidas são geralmente consideradas como derivados de ácidos carboxílicos em que o grupo hidroxilo foi substituído por uma amina ou amoníaco, como indicado no esquema 2.1[53]

Esquema 2.1 A substituição do grupo hidroxilo foi substituída por uma amina ou amoníaco.

As amidas são normalmente formadas através de reacções de um ácido carboxílico com uma amina, como mostra o esquema 2.2.

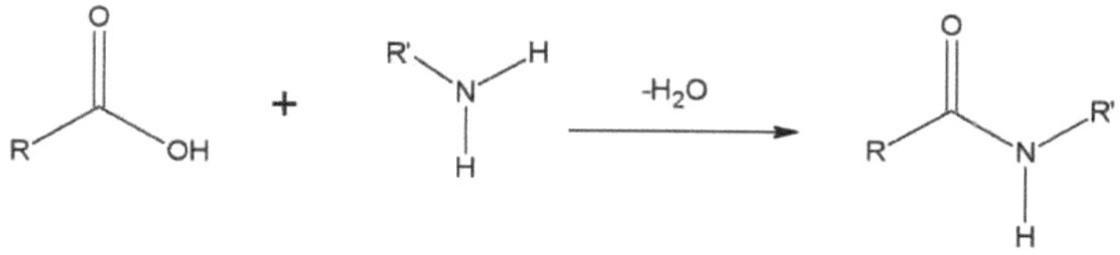

Esquema 2.2 Síntese de amidas a partir de ácido carboxílico e aminas.

2.2 Síntese de amidas

As amidas são sintetizadas pelos seguintes métodos diferentes

Amalgamação da amida facultativa da 2-cianopiridina com dois recíprocos de n-octilamina e H2O a 160 0C. A reação do CeO2 durante 0,33 h provocou 100% de transformação da 2-cianopiridina, e os rendimentos da N-octil picolinamida e da picolinamida foram de 24,2% e 72,1%, separadamente. O desenvolvimento de N-alquilamida a partir de nitrilos e aminas foi concluído com a inclusão de CeO2 (25 mg, 5,8 mol% Ce relativo ao nitrilo) na mistura de nitrilo (2,5 mmol), amina (5,0 mmol) e H2O (5,0 mmol) num recipiente de resposta equipado com um condensador sob N2. A mistura subsequente foi misturada com entusiasmo a 160°C, como indicado no esquema 2.4. A mistura de resposta foi investigada por GC. A mudança e o rendimento dos itens foram resolvidos tendo em vista a nitrila e a N-alquilamida utilizando o pentadecano como padrão interno[54-75.

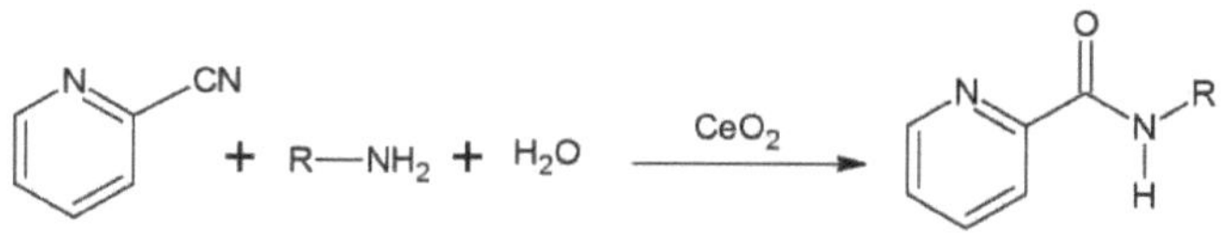

Esquema 2.3 Síntese de amidas a partir de 2-cianopiridina e aminas

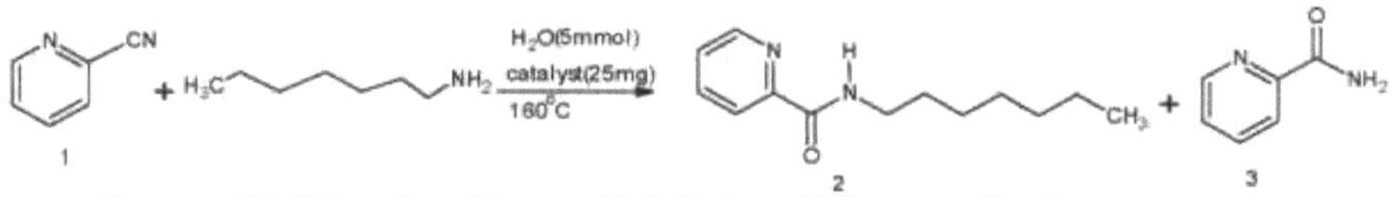

Esquema 2.4 Síntese de amidas a partir de 2-cianopiridina e n-octilaminas.

A policondensação imediata de diaminas aromáticas com ácidos dicarboxílicos de cheiro doce, utilizando fosfato de trifenilo (TPP) e piridina como operadores de recolha, não tem sido conhecida como uma técnica vantajosa para a preparação de poliamidas de cheiro doce à escala do centro de investigação. Esta técnica foi adoptada aqui para preparar poli(éster amida) perfumadas 4a-j a partir de bis(éster amina) 2 com diferentes ácidos dicarboxílicos de cheiro doce 3a-j, como aparece no Esquema 2.5. Todos os arranjos de resposta foram homogeneamente simples e revelaram-se extremamente espessos, à exceção dos polímeros 4a e 4d-f, que foram encorajados a partir do meio de resposta quando as estruturas de resposta se tornaram viscosas. Estes poli (éster amida) foram obtidos em rendimentos quase quantitativos com viscosidades intrínsecas de 0,34-0,82dl/g.[76]

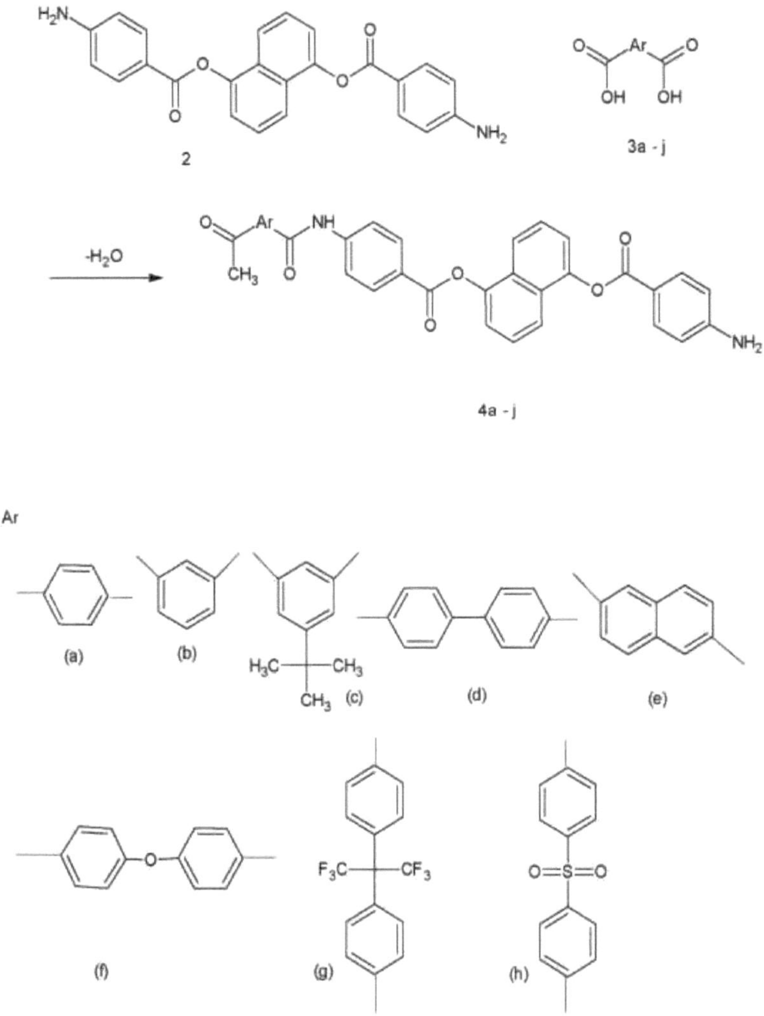

Esquema 2.5 Síntese de poli (amidas de ésteres).

O L-N-(4-nitro-benzoil) - Val-OMe foi integrado pela inclusão de uma mistura de corrosivo 4-nitrobenzóico (0,334 g, 2,00 mmol) em piridina (3,0 mL) e clorofosfato de dietilo (0,32 mL, 2,10 mmol) foi gradualmente incluído à temperatura ambiente num ar de árgon. A mistura de resposta foi misturada à temperatura ambiente durante cerca de 45 minutos. A isto foi então incluído cloridrato de éster metílico de L-valina (0,335 g, 2,00 mmol) numa parcela, e a mistura de resposta foi aquecida a 70 0C sob clima de árgon durante 5 h. Após o fim da resposta, a piridina foi desenraizada no vácuo e a acumulação parcelada entre derivação de ácido acético etílico (15,0 mL) e arranjo de bicarbonato de sódio imerso (5,0 mL) e misturada bem durante cerca de 10 min.

A camada natural foi isolada, seca sobre Na2SO4 anidro, e o dissolvível foi dissipado no vácuo, obtendo-se o item bruto como aparece no plano 2.6. [77-97]. Foi utilizada uma nova técnica para obter amidas opcionais e terciárias 8 a partir de N-[1- (benzotriazol-1-il) alquil] amidas. A substituição selectiva do grupo benzotriazol no carbono ligado a um azoto de amida produziu as amidas auxiliares ou terciárias. Para tal, foram necessárias algumas condições incríveis: a uma mistura de 1 similar de Bt subsidiária 7 e 2 equivalentes de Zn em pó em DMF foram incluídos 2 recíprocos de brometo de benzilo. A mistura foi misturada e aquecida a 70-80 °C sob azoto durante 12 horas, e depois extinta com NI-I4OH para dar as amidas de comparação 8a 2d e 8b em 68% e 74% de rendimento, separadamente. O bromoacetato de etilo reagiu de forma atractiva utilizando 1 ikeness trimetilclorosilano como promotor. Subsequentemente, 1 semelhança de Bt-subordinados 7d em THF foi adicionada a 2 recíprocos de zinco em pó em THF e a mistura foi aquecida até ao refluxo, depois foram incluídas 2 contrapartes de bromoacetato de etilo e todo o conjunto foi misturado em refluxo sob azoto durante 9 horas, após o que se procedeu a um trabalho antiácido para dar amidas 8c, d em 76% e 87% de rendimentos desactivados, individualmente. 12 O Bt-subsidiário 7c reagiu facilmente com 2 homólogos de zinco e 2 recíprocos de brometo de m-cianobenzilo em DMF à temperatura ambiente durante mais de 48 horas para formar a amida 8e com um rendimento de 59%. [98-117]

7a: R^1 = Ph, R^2 = H, R^3 = i_Pr

7b: R^1 = R^2 = (CH$_2$)$_3$, R^3 = Ph

7c: R^1 = Ph, R^2 = H, R^3 = Ph

7d: R^1 = Ph, R^2 = H, R^3 = H

8a: R^1 =Ph, R^2 =H, R^3 =i-Pr, R^4 =PhCH$_3$

8b: R^1 = (CH$_2$)$_3$, R^2 =(CH$_2$)$_3$, R^3 = Ph, R^4 =PhCH$_3$

8c: R^1 = Ph, R^2 =H, R^3 = H, R^4 =EtO$_2$CCH$_3$

8d: R^1 = Ph, R^2 =H, R^3 = Ph, R^4 =EtO$_2$CCH$_3$

8e: R^1 = Ph, R^2 =H, R^3 = Ph, R^4 =m-NCC$_6$H$_4$CH$_2$

Esquema 2.6síntese do L-N-(4-nitro-benzoílo) -Val- OMe.

Para uma amina (1 mmol) em CHCl3 seco (5mL), foram incluídos pó de zinco (0,070 g, 1 mmol) e TMS-Cl (0,1086 g, 1 mmol) e a mistura foi misturada durante 5 min. A mistura de resposta foi separada sob um ambiente de N2; o cloreto de benzoílo (1 mmol) foi incluído no filtrado e a mistura prosseguiu. Após a conclusão da resposta (como observado por TLC), a mistura foi enfraquecida pela inclusão de CHCl3 (20 mL) e lavada com 5% de HCl, 5% de NaHCO3 e água e depois seca sobre Na2SO4 anidro. O desaparecimento do dissolvente no vácuo e a recristalização do acúmulo subseqüente a partir de CHCl3/n-hexano (3:7) deu a amida como um forte, como aparece no plano 2.7.[118-140]

$$R-NH_2 \xrightarrow[\text{Zinc Dust}]{\text{TMS-Cl}} [TMS-NH-R] \xrightarrow{R^1-COCl}$$

R = C$_6$H$_5$, C$_6$H$_5$CH$_2$, O$_2$NC$_6$H$_4$, H$_3$COC$_6$H$_4$; R^1 = C$_6$H$_5$

Plano 2.7 Síntese de amidas utilizando aminas N-siladas e cloretos corrosivos.

A amida foi preparada pela resposta da morfolina com benzaldeído e benzoato de benzilo. Curiosamente, 91% de amida formada em 8 h se utilizando benzoato de benzila como material inicial, no entanto, apenas 29% de amida foi observada se o benzaldeído foi utilizado. É possível que a proximidade do licor faça avançar a resposta através do desenvolvimento do benzoato de benzilo. Assim, a resposta de amidação aparentemente segue o instrumento como indicado no Esquema 2.8. [141-162]

Esquema2.8 mecanismo para a formação de amidas catalisada por Au/HT.

O terc-butóxido de potássio (1 mmol) foi adicionado a uma mistura pré-misturada de anilina (1 mmol) e metilbenzoato (1 mmol) num tubo de ensaio de vidro que foi colocado num chuveiro de alumina dentro de um fogão de micro-ondas familiar não modificado e iluminado durante o tempo pré-determinado na sua força máxima de 900 watts. No final da resposta, tal como controlado por TLC, a mistura de resposta foi extraída para derivação em ácido etilacético. Os concentrados consolidados foram secos sobre sulfato de sódio anidro e o dissolvível foi desenraizado sob peso reduzido para gerir o custo de uma acumulação que, após trituração com hexano, deu um produto não adulterado, benzanilida (83%), como indicado no plano 2.9. [163-183]

$$RCO_2X + R'NH_2 \xrightarrow[\text{t\_BuOK}]{\text{Microwave}} RCONHR'$$

X=Me, Et; R=C_6H_5, C_4H_3S; R' =C_6H_5, p_ClC_6H_4, C_7H_7

Esquema 2.9 Síntese de amidas sem solventes a partir de ésteres e aminas utilizando terc-butóxido de potássio. A lipase Novozym 435 (500 mg) foi adicionada a uma resposta do corrosivo carboxílico 3 mmol em etanol total 5 ml. A suspensão foi agitada (200 rpm) a 300C e o avanço da resposta foi verificado por GC ou TLC. No momento em que o corrosivo foi transformado em éster etílico, foi incluída a amina (4 mmol). Após o tempo demonstrado, o catalisador foi peneirado, depois o dissolvível foi dissipado e o depósito áspero foi limpo por cromatografia de brilho em gel de sílica. Os testes com proteases foram efectuados com 3 mmol de corrosivo carboxílico e 4 mmol de n-propil amina (200 rpm), 30 0C, com acetonitrilo como dissolvível, tal como indicado no plano 2.10. [184209]

$$R_1COOH \xrightarrow{\text{EtOH/lipase}} R_1COOEt \xrightarrow{X\text{-}CnH_2n\text{-}NHR_2} R_1COONR_2CnH_2nX$$

Esquema 2.10 Síntese da amida

Um copo seco, de 300 ml, com dois gargalos e fundo redondo, equipado com um condensador de refluxo equipado com um delta de azoto no seu principal, um septo elástico e uma barra de mistura atraente é acusado de 100 ml. de benzeno e lavado rapidamente com nitrogênio, após o qual 22 ml. (0,057 mol) de um arranjo de 25% de trimetilalumínio em hexano é infundido através do septo no flagon. O preparado é misturado e arrefecido num banho de gelo a -10-15°C, e 2,47 g. (3,64 ml, 0,0549 mol) de dimetilamina são incluídos gradualmente com uma seringa. Vinte minutos após o fim da expansão, o chuveiro de arrefecimento é evacuado e a substância do frasco é deixada misturar e aquecer gradualmente até à temperatura ambiente durante um período de 45 minutos. Uma resposta de 7,10 g. (0,0500 mol) de carboxilato de metilciclohexano em 20 ml. de benzeno é infundida através do septo. O arranjo subsequente é aquecido sob refluxo durante 22 horas, arrefecido à temperatura ambiente e hidrolisado por expansão moderada e cautelosa de 82,5 ml. (0,055 mol) de corrosivo clorídrico 0,67 M. A mistura é misturada durante 30 minutos para garantir a hidrólise completa. A camada natural superior é isolada e a camada fluida é separada com três bocados de 25 ml de derivação de ácido etilacético. Os concentrados naturais são unidos, lavados com cloreto de sódio, secos com sulfato de magnésio anidro e dissipados sob peso reduzido. A refinação do fluido restante sob peso reduzido através de uma secção Vigreux de 10 cm. A secção de Vigreux obtém 0,1-0,6 g. de éster não reagido e 6,40-7,25 g. (83-93%) de N,N-dimetilciclohexanocarboxamida, b.p. 100°C (5,5 mm.), 57-60° (0,08 mm.)[210].

Aplicações das amidas

As misturas 10 e 27 foram distinguidas como as subsidiárias mais intrigantes, com extraordinária hostilidade ao movimento tuberculoso e baixas estimativas de citotoxicidade. As substâncias subordinadas 9, 13, 28, 29, 36 e 38 apresentaram igualmente óptimos resultados. Podem ser estabelecidas algumas relações estrutura-atividade. Nas misturas 9-13, 20-22, 27-31 e 36-40, pode dizer-se que, no seu conjunto, a apresentação de um substituinte retro-recetor de electrões no anel quinoxalina resulta num acréscimo da ação contra-tuberculosa das subsidiárias. Apesar do que seria de esperar, a inserção de uma porção electro-descarregadora resulta numa diminuição desta ação, como se pode ver pelos resultados obtidos para as misturas 6-8, 15-17, 24-26 e 33-35. Em termos claros, pode argumentar-se que a inserção de uma porção de electrões no anel da quinoxalina é um pré-requisito fundamental, tendo em conta o objetivo final de aumentar a ação contra a tuberculose, como indicado no plano 2.12. [210]

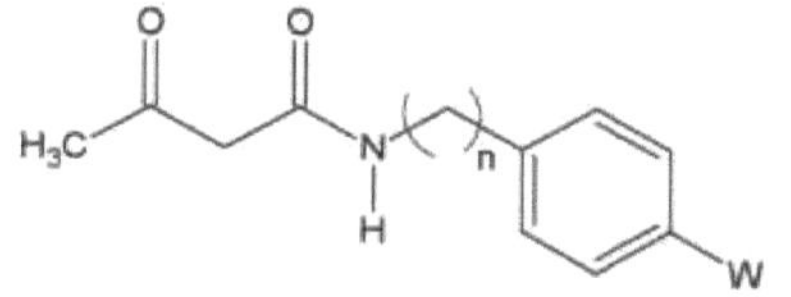

Esquema 2.11 Esquema sintético dos derivados iniciais da b-acetoacetamida (1-4).

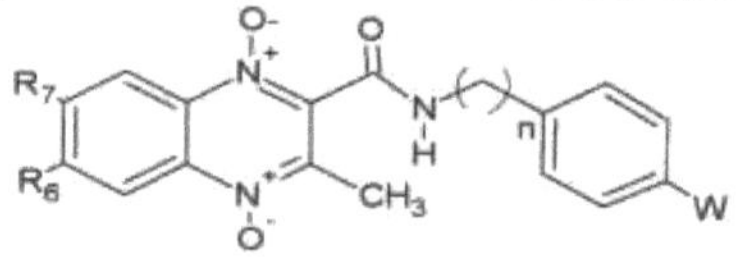

Plano 2.12 Curso sintético de subordinados aril-amida corrosivos 1, 4-di-N-óxido-3-metilquinoxalina-2-carboxílicos (5-40). As amidas N-sulfonil-3,7-dioxo-5b-cholan-24 mostraram poderosos impactos inibitórios nas linhas celulares HCT-116, MCF-7 e K562. As sulfonamidas 10a-o, em contraste com a amida 9, mostraram uma maior citotoxicidade. No entanto, estas misturas revelaram uma baixa citotoxicidade contra a linha celular SGC-7901 na gama de fixação explorada (>100 1M), tendo apenas 10b um IC50 inferior a 50 1M. Para as quatro linhas celulares, todas as misturas de sulfonamidas mostraram a maior citotoxicidade para a célula K562, que foi melhor do que 5- FU (IC50 = 45,4 1M). Entre 10a-o, verificou-se que 10g tinha a melhor ação na linha celular K562 (IC50 = 2,39 1M). Curiosamente, o resultado de que todas as misturas demonstraram uma forte ação na linha celular de malignidade do cólon humano (HCT-16) era previsível para a nossa configuração. Além disso, as correlações de 7 e 10a revelaram que as citotoxicidades das Nsulfonil-3,7-dioxo-5b-cholan-24-amidas eram mais fortes do que as do plano 2.13 do 3,7-dioxo-5b-cholan-24-sulfonato.[211

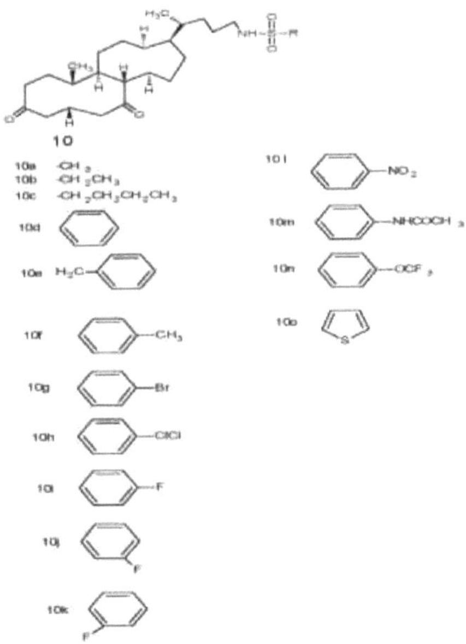

Esquema 2.13 Síntese do N-(40-(acetamida)benzenossulfonil)-3,7-dioxo-5b-colano.

As amidas recentemente combinadas são dinâmicas contra micróbios gram-positivos. Entre eles, o composto 17, sintetizado a partir do ácido desoxicólico e do licor de amino, indica um movimento antibacteriano moderado contra a grande maioria dos organismos microscópicos gram positivos, enquanto as misturas 10, 13, 14, 15 e 16 são dinâmicas contra uma percentagem dos microrganismos gram positivos. Todas as novas misturas 10-17 foram testadas quanto ao movimento antifúngico antifúngicos contra os parasitas patogénicos Aspergillus niger, Aspergillus flavus, Trichophyton rubrum, Microsporum gypseum, Cryptococcus neoformans, Candida albicans, Sporothrix schenckii, Histoplasma capsulatum utilizando Anfotericina-B, Nistatina, Clotrimazol como medicamentos antifúngicos padrão. Apenas o composto 12, que foi orquestrado a partir de corrosivo desoxicólico e licor de amino é observado como dinâmico (IC50, 62,5 mg/mL) contra o parasita patogénico C. neoformans. Relatamos aqui a amálgama proficiente de oito novas amidas 10-17 obtidas a partir de aminoálcoois quirais 2-5 e ésteres N-succinimidílicos de ácidos biliares e por acoplamento simples em DMF. As novas amidas 10, 13, 14, 15, 16 e 17 apresentam uma ação antibacteriana moderada e o composto 12 demonstra uma ação antifúngica. Estas novas misturas podem levar ao desenvolvimento de novos medicamentos, como se pode ver no plano 2.14.

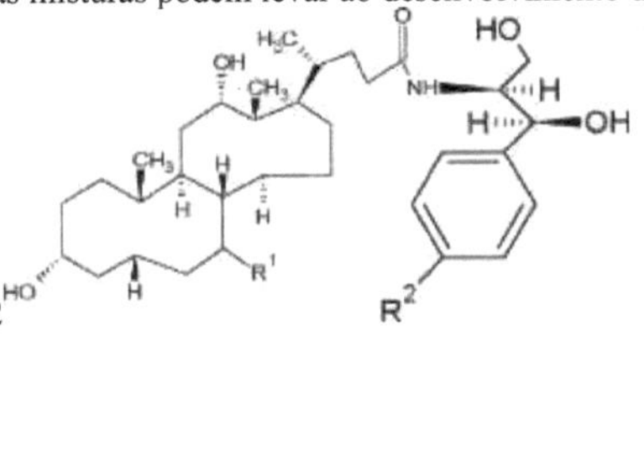

[212

10, R₁ - OH, R₂ - H   12, R₁, R₂ - H   14, R₁ - OH, R₂ - H
16, R₁, R₂ - H

11, R₁= OH, R₂ = NO₂   13, R₁ = H, R₂ = NO₂   15, R₁= OH, R₂ = NO₂
17, R₁ = H, R₂= NO₂

Esquema 2.14 Reagentes e condições: (10, 1-para-nitrofenil-2-amino-1,3-propanodiol, (11, 1-fenil-2-amino-1,3-propanodiol, 1-para-nitrofenil-2-amino-1,3-propanodiol.

Os exercícios calmantes e analgésicos destas misturas (2, 5a-5q) foram avaliados através de modelos de edema auricular em ratos impelidos por xileno e de contorção em ratos instigados por corrcsivos ácidos, em ratos Kunming machos e fêmeas (peso 20-26 g). As substâncias foram administradas por via oral na dose de 40 mg kg_1. O diflunisal, um fármaco atenuante registado, ED50 59,6 mg kg_1 no edema da pata afetado pela carragenina em ratos, 15, 16foi utilizado como controlo positivo. A ED50 para 5m e 5p no modelo de edema auricular em ratinhos afectados por xileno é de 24,24 e 25,69 mg kg_1 e para 5m e 5q no modelo de contorção em ratinhos afectados por corrosão ácida é de 43,79 e 11,58 mg kg_1.Verificou-se que o impedimento no modelo de edema auricular de ratinhos afectados por xileno de 5m, 5p, 5a e 5i é de 68,86%, 65,20%, 48,83% e 41,37% moderadamente, melhor do que o diflunisal 39,85% na medição de 40 mg kg_1. Observando 2b, 5m, 5n, e 5o com 2a, 5a, 5e, e 5f moderadamente, o movimento natural de 5m é superior ao de 5a tanto na ação calmante como na ação analgésica e os outros são aproximadamente equivalentes a cada cúmplice. Neste sentido, o composto que contém O-benzoil pode ter uma ação natural decente, como indicado no plano 2.15. [213]

Os exercícios orgânicos do D2AM foram examinados adicionalmente. Mostrou um forte movimento antimicrobiano em relação a organismos microscópicos Gram-positivos (B. subtilis e S. aureus) e Gramnegativos (P. vulgaris e K. pneumonae), como se vê por uma zona de contenção em testes de disseminação de placas. A CIM do D2AM foi observada como sendo de 16,0, 40,0, 27,0 e 5,0 lM (em particular 6,0, 15,0, 10,0 e 2,0 lg/ml) para B. subtilis, S. aureus, P. vulgaris e K. pneumonia, individualmente.

A CIM do DOD foi muito mais elevada em comparação com a do D2AM. A ação antimicrobiana extremamente fraca ou sem importância foi contabilizada para o corrosivo octadecenóico e a sua amida essencial. Em suma, as amidas gordurosas têm uma CIM mais proeminente do que 100 lg/ml. O D2AM foi adicionalmente testado para o movimento de reforço celular in vitro contra radicais DPPH. Observou-se que o impedimento do radical DPPH estava subordinado ao foco e a porcentagem de restrição expandiu-se diretamente com a expansão da fixação em qualquer taxa até 20 mg / ml de ação de ruminação DPPH. O D2AM foi dinâmico como um forrageador de radical DPPH com uma estimativa de IC50 de 204,4 mm, porém menor do que a de outros reforços celulares fenólicos, por exemplo, 17b-estradiol (IC50 = 1,3 mm) e 4- dodecifenol (IC50 = 1,5 mM). [214]

5

Composto	R¹	R2	R3

5a	COCH3	H	CH3
5b	COCH3	H	CH2CH3
5c	COCH3	H	Ciclohexilo
5d	COCH3	H	CH2C6H5
5e	COCH3	H	C6H5
5f	COCH3	H	o-C$_6$H4CH3
5g	COCH3	H	m-C6H4CH3
5h	COCH3	H	P-C6H4CH3
5i	COCH3	H	o-C$_6$H$_4$Cl
5j	COCH3	H	p-C6H4Cl
5k	COCH3	H	2,5-(CH$_3$)2C6H$_3$
5l	COCH3	H	Morfolina-4-il
5m	COC6H5	H	CH3
5n	COC6H5	H	C6H5
5o	COC6H5	H	o-C6H4CH3
5P	COC6H5	CH2CH3	CH2CH3
5q	COC6H5		4-Metiloiperazina-1 -ilo
5r	H	CH3	CH3
5s	H	CH2CH3	CH2CH3
5t	H		4-Metiloiperazina-1 -ilo
5u	H		4-Etiloiperazina-1-il

Esquema 2.15 Síntese do O-benzoildiflunisal

CAPÍTULO 3
MATERIAIS E MÉTODOS

3.1 Produtos químicos
Éster acetoacético de etilo, éster dietílico, p-toulidina, 2-nitroanilina, 1,2-diaminofenilo, etilenodiamina, cloretos metálicos como CuCl2, ZnCl2, CrCl2, CoCl2, MnCl2, BiCl2, NiCl2 foram adquiridos à Merck e Sigma-Aldrich e utilizados sem purificação

3.2 Solventes
Foram utilizados solventes disponíveis no mercado, tais como metanol, n-hexano e acetato de etilo, benzeno, DMSO, DCM, THF, CCl4, DMF CHCl3 e água destilada após dupla destilação.

3.3 Artigos de vidro
Foi utilizado vidro Pyrex para realizar todas as experiências. Foram lavados com sabão em pó, detergente e água destilada e todos os equipamentos foram secos a 70°C.

3.4 Equipamentos
Foram utilizados os seguintes equipamentos durante o trabalho de investigação:

3.4.1 Forno
O forno científico Stuart foi utilizado para a secagem dos produtos sintetizados e os aparelhos de vidro.

3.4.2 Espectrómetro de infravermelhos com transformada de Fourier
Os espectros FTIR foram registados utilizando o espetrofotómetro FTIR BRUKER IR Tensor 27 (M15E-PS/09) pela técnica de amostragem ATR na gama de 4000-600 cm^{-1}.

3.4.3 Bomba de alto vácuo
Foi utilizado o vácuo da marca 4 Wertheim, fabricado na Alemanha.

3.4.4 Balança analítica
Foi utilizada uma balança eléctrica da Shimadzu, Japão, modelo # AY220 para pesar os produtos químicos.

3.4.5 Agitador magnético
Foi utilizado um agitador magnético, VELP Scientifica England, para agitar.

3.4.6 Aparelho para determinação do ponto de fusão
Foi utilizado o aparelho de ponto de fusão SMP10 da Stuart Scientific Bibby Steri in Ltd. fabricado no Reino Unido.

3.4.7 Placas TLC
Foram utilizadas placas de TLC Silica Gel 60F254 Merck Ltd. Japão.

3.4.8 Micropipetas
Foram utilizadas as micropipetas Z X 58143 e ZX 57677 da thermo scientific china para criar o sistema de solventes para TLC.

3.5 Procedimento geral para a síntese de ligandos:
Diferentes tipos de aminas foram decompostos em metanol num recipiente de base redonda e foram incluídos ésteres de comparação. Esta mistura de resposta foi refluxada a 70 0C durante 7-8 horas. Após filtração, as amidas foram adquiridas numa tonalidade amarela clara, que foi lavada com água. O composto foi purificado por TLC utilizando metanol e água numa proporção de 3:7.

3.5.1 Preparação de{ *3-oxo-N-2*-[(3-oxobutanoil) amino] fenil} pentanamida
A 1, 2-fenildiamina 0,972 g (9 mmol) e o éster acetoacético 1,20 ml (9 mmol) foram reagidos para formar a 3-oxo-N-{2-[(3-oxobutanoil)amino]fenil} pentanamida, adoptando o procedimento geral, que foi lavado com água. . O composto foi refinado por TLC utilizando metanol e água na proporção de 3:7. A reação foi dada na Eq. 3.1.

Eq. 3.1{ *3-oxo-N-2*-[(3-oxobutanoil) amino] fenil} pentanamida.

3.5.2 Preparação de *1H-1,5*-benzodiazepina-2,4(*3H,5H*)-diona

A 1,2-fenildiamina 0,972 g (9 mmol) e 1,51 ml de éster dietílico (9 mmol) foram reagidos para formar a 1H-1,5-benzodiazepina-2,4(3H,5H)-diona, adoptando o procedimento geral, que foi lavado com água. O composto foi descontaminado por TLC utilizando metanol e água na proporção de 3:7. A reação foi dada na Eq. 3.2

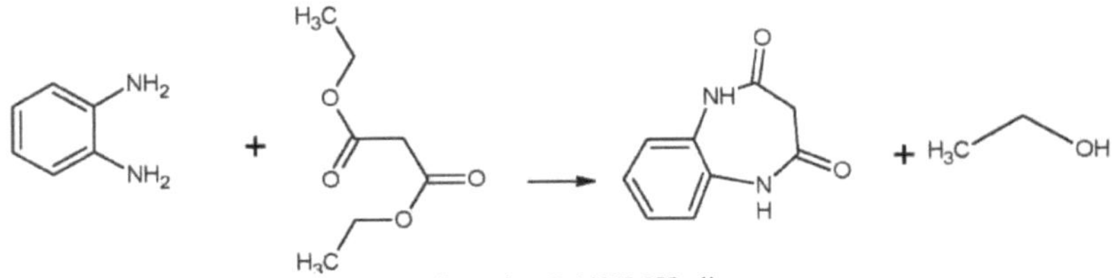

Eq. 3.2 Preparação da *1H-1*, 5-benzodiazepina-2,4(*3H,5H*)-diona.

3.5.3 Preparação da *N,N'*-bis(4-metilfenil)propanodiamida

P.toulidina 1,36g (12,7mmol) e 1,21 ml (12,7mmol) de éster dietílico foram respondidos a
O composto foi purificado por TLC utilizando metanol e água na proporção de 3:7. O composto foi purificado por TLC utilizando metanol e água numa proporção de 3:7. A reação foi dada na Eq. 3.3.

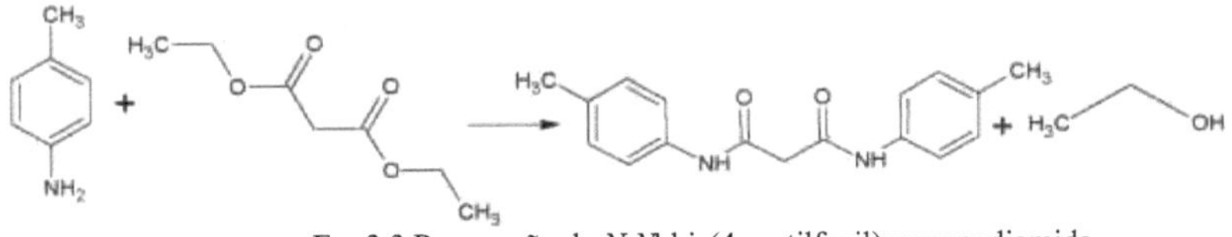

Eq. 3.3 Preparação da *N,N'*-bis(4-metilfenil)propanodiamida.

1.5.4 . Preparação de *N,N'*-etano-1,2-diilbis(3-oxobutanamida

0,35 ml (6,4 mmol) de etilenodiamina e 1,09 ml (6,4 mmol) de éster dietílico foram reagidos para formar N,N'- etano-1,2-diilbis(3-oxobutanamida) de acordo com o procedimento geral, que foi lavado com água. O composto foi descontaminado por TLC utilizando metanol e água numa proporção de 3:7. A reação foi dada na Eq. 3.4.

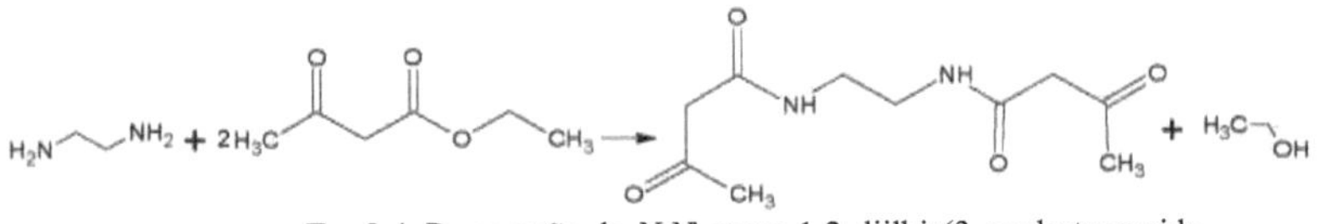

Eq. 3.4. Preparação do *N,N'*-etano-1,2-diilbis(3-oxobutanamida.

1.5.5 . Preparação da *N*-(4-metilfenil)-3-oxobutanamida

P.toulidina 1,36g (8mmol) e 1,70 ml (8mmol) de éster acetoacético de etilo para formar a N-(4-metilfenil)-3-oxobutanamida através do procedimento geral, que foi lavado com água. O composto foi filtrado por TLC utilizando metanol e água numa proporção de 3:7. A reação foi dada na Eq. 3.5.

1.5.6 Preparação da *N*-(2-nitrofenil)-3-oxobutanamida

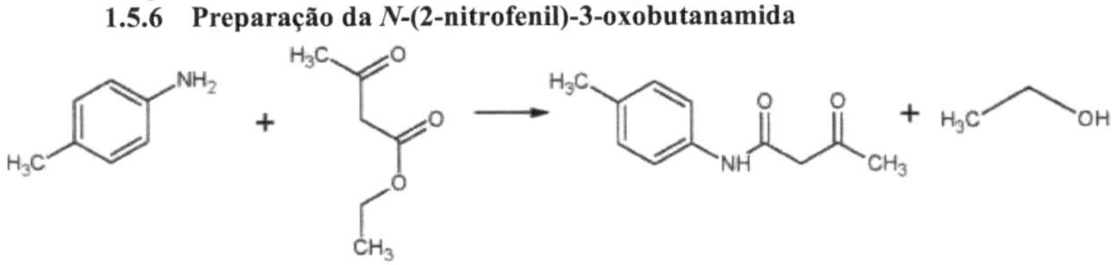

Eq. 3.5 Preparação da *N*-(4-metilfenil)-3-oxobutanamida.

2-nitroanilina 0,96g (7mmol) e 0,924 ml (7mmol) de éster etilacetoacético para formar a N- (2-nitrofenil)-3-oxobutanamida foram adquiridos pelo método geral, que foi lavado com água. O composto foi higienizado por TLC utilizando metanol e água numa proporção de 3:7 . A reação foi dada na Eq. 3.6.

Eq . 3.6 Preparação da *N*-(2-nitrofenil)-3-oxobutanamida

1.5.7 . Preparação da *N,N'*-bis(2-nitrofenil)propanodiamida

A 2-nitroanilina 0,96g (7mmol) e 1,12ml (7mmol) de éster dietílico foram reagidos para formar N,N'- bis(2-nitrofenil)propanodiamida diamina pela técnica geral, que foi lavada com água. C composto foi refinado por TLC utilizando metanol e água na proporção de 3:7. A reação foi cada na Eq. 3.7

Eq. 3.7 Preparação da *N,N'*-bis(2-nitrofenil) propanodiamida.

2 Procedimento geral para a síntese do complexo

3 mmol de ligante foi tomado em recipiente quebrado em arranjo de metanol, em seguida, 1 mmol de arranjo de metal desintegrado em metanol foi incluído em um arranjo de ligante drope shrewd. No local, o sombreamento começou a mudar. O item precipitado foi lavado com metanol e água e seco.

Em que os metais $= Cu^{2+}, Co^{2+}, Cr^{2+}, Zn^{2+}, Mn^{2+}, Ni^{2+}, Bi^{2+}$

1 Síntese do complexo *N, N'*-dibutilbenzeno-1, 2-diamina Cu (II)

2 mmol de ligante foi tomado num copo de medição, quebrado em arranjo de metanol, em seguida, 1 mmol de arranjo de metal desintegrado em metanol foi incluído num arranjo de ligante. O produto precipitado foi lavado com metanol e água e seco.

Esquema 3.9 Síntese do complexo *N, N'*-dibutilbenzeno-1, 2-diamina Cu(II).

3.6.2) Síntese do complexo *N, N-dibutilbenzeno-1*, 2-diamina Co (II)

A N,N'- dibutilbenzeno-1,2-diamina 0,45 g (2mmol) foi reagida com CoCl2 0,15 g (1mmol) em metanol na proporção de 2:1. O item incentivado foi lavado com metanol e água. A resposta para o planeamento do N,N'- dibutilbenzeno-1,2-diamina

O complexo de Co(II) é apresentado na planta 3.10.

Esquema 3.10 Síntese do complexo *N, N'*-dibutilbenzeno-1, 2-diamina Co (II).

3.6.3) Síntese do complexo *N, N'*-dibutilbenzeno-1, 2-diamina Cr (II)

A N,N'- dibutilbenzeno-1,2-diamina 0,45 g (2mmol) foi reagida com CrCl2 0,13 g (1mmol) em metanol na proporção de 2:1. O item incentivado foi lavado com metanol e água. A resposta para o arranjo do complexo N,N'- dibutilbenzeno-1,2- diamina Cr(II) é dada no plano 3.11.

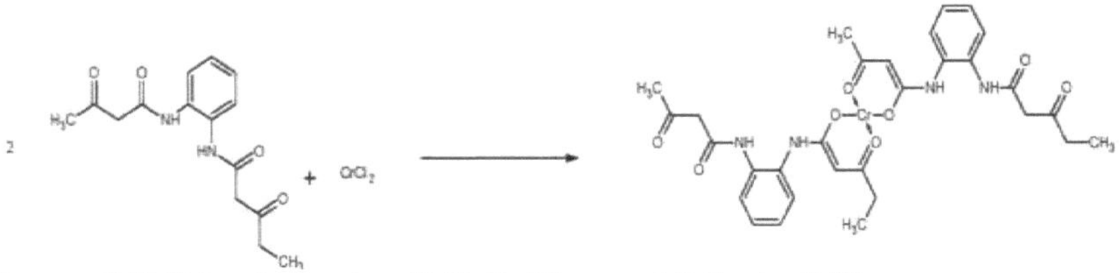

Esquema 3.11 Síntese do complexo *N, N'*-dibutilbenzeno-1,2-diamina Cr(II).

3.6.4) Síntese do complexo *N,N'*-dibutilbenzeno-1,2-diamina Zn(II)

A N,N'- dibutilbenzeno-1,2-diamina 0,45 g (2mmol) foi reagida com ZnCl2 0,18 g
(1mmol) em metanol numa proporção de 2:1. O produto acelerado foi lavado com metanol e
e água. A resposta para o planeamento do complexo N,N'- dibutilbenzeno-1,2-diamina
O complexo de Zn(II) é apresentado no plano 3.12.

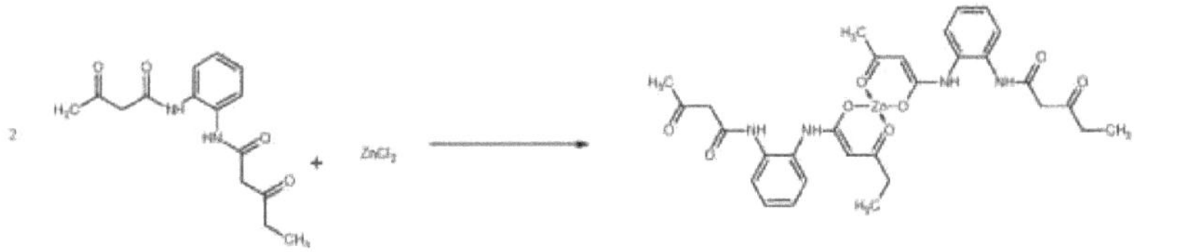

Esquema 3.12 Síntese do complexo *N, N'*-dibutilbenzeno-1,2-diamina Zn(II).

3.6.5) Síntese do complexo de *N, N'*-dibutilbenzeno-1,2-diamina Mn(II)

N,N'- dibutilbenzeno-1,2-diamina 0,45 g (2mmol) foi reagido com MnCl2 0,13g (1mmol) em metanol na proporção de 2:1. O item apressado foi lavado com metanol e água. A resposta para o arranjo do complexo N,N'- dibutilbenzeno-1,2- diamina Mn(II) é dada no plano 3.13.

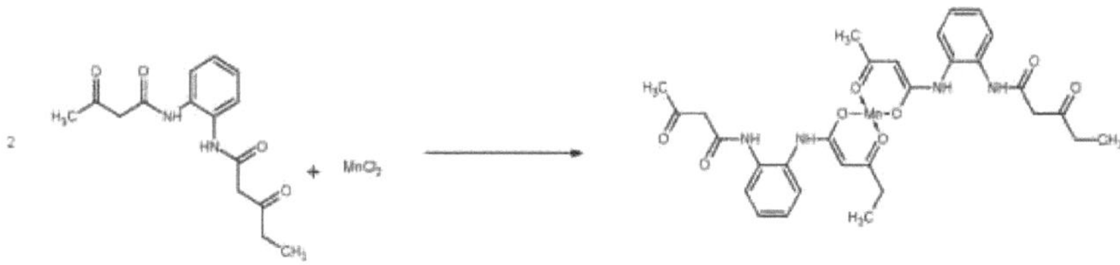

Esquema 3.13 Síntese do complexo de *N,N'*-dibutilbenzeno-1,2-diamina Mn(II).

3.6.6) Síntese do complexo *N,N'*-dibutilbenzeno-1,2-diamina Ni(II)

N,N'- dibutilbenzeno-1,2-diamina 0,45g (2mmol) foi reagido com NiCl2 0,13g (1mmol) em metanol na proporção de 2:1. A resposta para o arranjo do complexo N,N'- dibutilbenzeno-1,2-diamina Ni (II) é dada no plano 3.14.

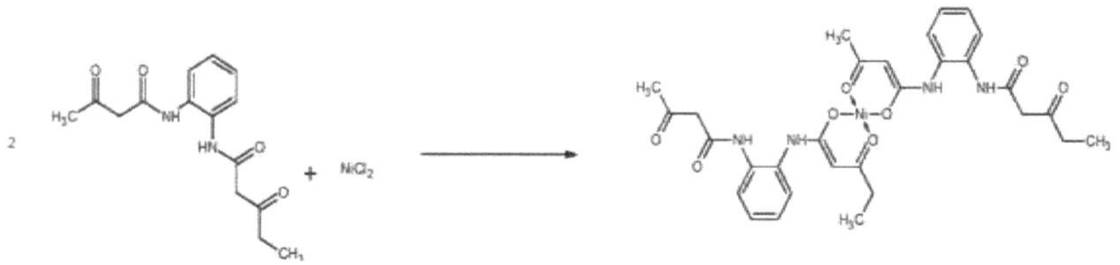

Esquema 3.14 Síntese do complexo *N, N'*-dibutilbenzeno-1,2-diamina Ni (II).

3.6.7) Síntese do complexo *N,N'*-dibutilbenzeno-1,2-diamina Bi(II)

A N,N'- dibutilbenzeno-1,2-diamina 0,45 g (2mmol) foi reagida com BiCl2 0,28 g (1mmol) em metanol na proporção de 2:1. O item incentivado foi lavado com metanol e água. A resposta para a preparação do complexo N,N'- dibutilbenzeno-1,2-diamina Bi(II) é apresentada no plano 3.15.

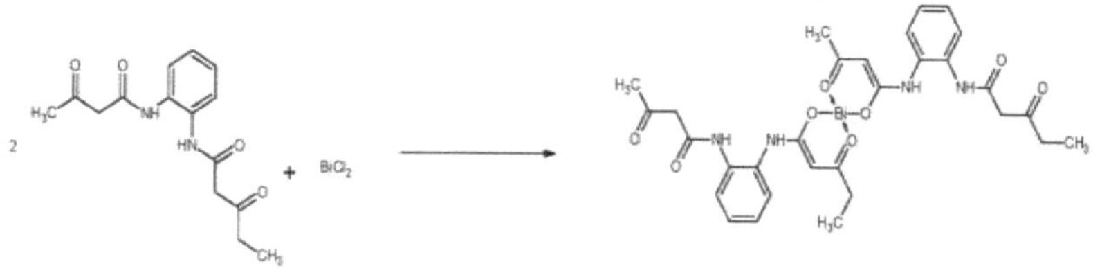

Esquema 3.15 Síntese do complexo *N,N'*-dibutilbenzeno-1,2-diamina Bi(II).

3.6.8) Síntese do complexo Cu(II) da *1H-1,5*-benzodiazepina-2,4(*3H,5H*)-diona

A 1H-1,5-benzodiazepina-2,4(3H,5H)-diona 0,36 g (2mmol) foi reagida com CuCl2 0,14g (1mmol) em metanol na proporção de 2:1. O item apressado foi lavado com metanol e água. A resposta para a preparação do complexo 1H-1,5-benzodiazepina- 2,4(3H,5H)- diona Cu(II) é dada no plano 3.16.

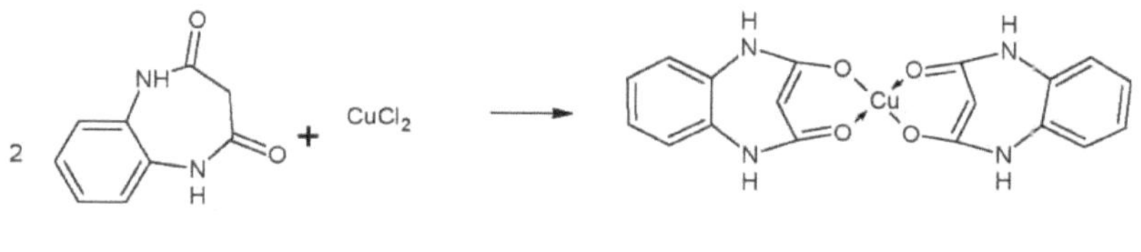

Esquema 3.16 Síntese do complexo Cu(II) da *1H-1*,5-benzodiazepina-2,4(*3H,5H*)-diona.

3.6.9) Síntese do complexo Co(II) da *1H-1,5*-benzodiazepina-2,4(*3H,5H*)-diona

1H-1,5-benzodiazepina-2,4(3H,5H)- diona 0,36 g (2mmol) foi respondida com CoCl2 0,15 g (1mmol) em metanol na proporção 2:1. O item apressado foi lavado com metanol e água. A resposta para a preparação do complexo 1H-1,5-benzodiazepina- 2,4(3H,5H)- dionaCo (II) é dada no plano 3.17.

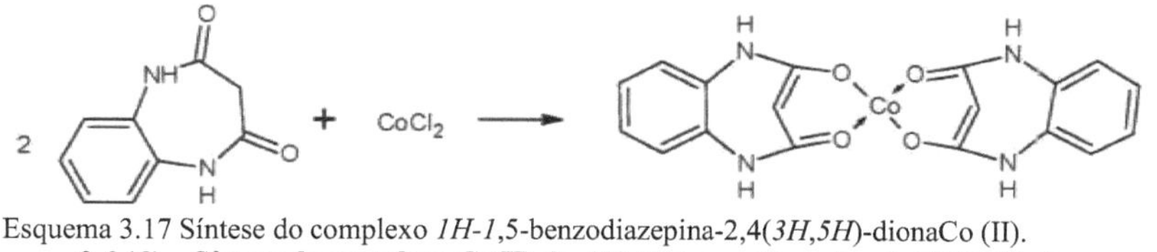

Esquema 3.17 Síntese do complexo *1H-1*,5-benzodiazepina-2,4(*3H,5H*)-dionaCo (II).

3.6.10) Síntese do complexo Cr(II) da *1H-1,5*-benzodiazepina-2,4(*3H,5H*)-diona

1H-1,5-benzodiazepina-2,4(3H,5H)- diona 0,36g (2mmol) foi respondida com CrCl2 0,13 g (1mmol) em metanol na proporção 2:1. O item acelerado foi lavado com metanol e água. A resposta para o planeamento do complexo 1H-1,5- benzodiazepina-2,4(3H,5H)- diona Cr(II) é dada no plano 3.18.

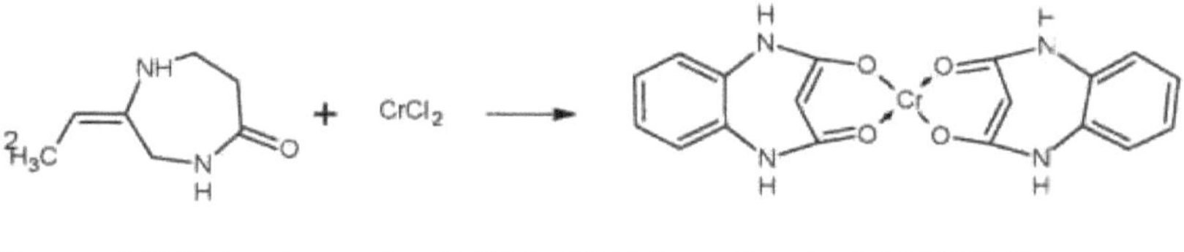

Esquema 3.18 Síntese do complexo Cr(II) da *1H-1,5*-benzodiazepina-2,4(*3H,5H*)-diona.

3.6.11) Síntese do complexo *1H-1*,5-benzodiazepina-2,4(*3H,5H*)-diona Zn(II) 1H-1,5-benzodiazepina-2,4(3H,5H)-diona 0,36g (2mmol) foi reagido com ZnCl2
0,18 g (1mmol) em metanol numa proporção de 2:1. O produto estimulado foi lavado com metanol e água. A resposta para o arranjo do 1H-1,5-benzodi 3.16.4) Síntese do planeamento do complexo 1H-1,5-benzodiazepina-2,4(3H,5H)- diona Zn(II) é dada no plano 3.19.

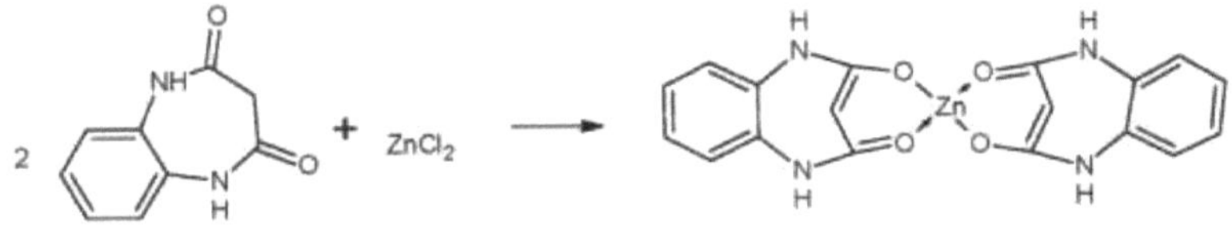

Esquema 3.19 Síntese do complexo de Zn(II) da *1H-1*,5-benzodiazepina-2,4(*3H,5H*)-diona.

3.6.12) Síntese do complexo *1H-1*,5-benzodiazepina-2,4(*3H,5H*)-diona Mn(II) 1H-1,5-benzodiazepina-2,4(3H,5H)-diona 0,36g (2mmol) foi reagido com MnCl2
0,13 g (1mmol) em metanol numa proporção de 2:1. O produto encorajado foi lavado com metanol e água. A resposta para a prontidão de 1H-1,5-
O complexo de Mn(II) da benzodiazepina-2,4(3H,5H)-diona é apresentado na planta 3.20.

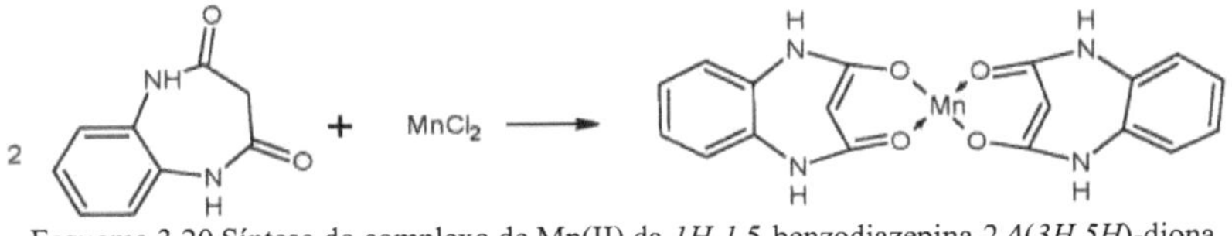

Esquema 3.20 Síntese do complexo de Mn(II) da *1H-1*,5-benzodiazepina-2,4(*3H,5H*)-diona.

3.6.13) Síntese do complexo de *1H-1*,5-benzodiazepina-2,4(*3H,5H*)-diona Ni(II) 1H-1,5-benzodiazepina-2,4(3H,5H)-diona 0,36 g (2mmol) foi reagido com NiCl2
0,13 g (1mmol) em metanol numa proporção de 2:1. O produto acelerado foi lavado com metanol e água. A resposta para a prontidão de 1H-1,5-
O complexo de Ni(II) da benzodiazepina-2,4(3H,5H)-diona é apresentado na planta 3.21.

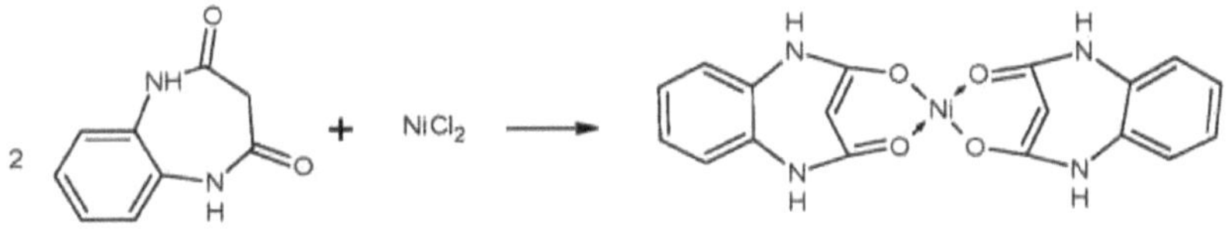

Esquema 3.21 Síntese do complexo de Zn(II) da *1H-1*,5-benzodiazepina-2,4(*3H,5H*)-diona.

3.6.14) Síntese do complexo *1H-1*,5-benzodiazepina-2,4(*3H,5H*)-diona Bi(II) 1H-1,5-benzodiazepina-2,4(3H,5H)-diona 0,36g (2mmol) foi reagido com BiCl2
0,28 g (1mmol) em metanol numa proporção de 2:1. O item apressado foi lavado com metanol e água. A resposta para o planeamento do complexo 1H-1,5-benzodi azepina- 2,4(3H,5H)- diona Bi(II) é dada no plano 3.22.

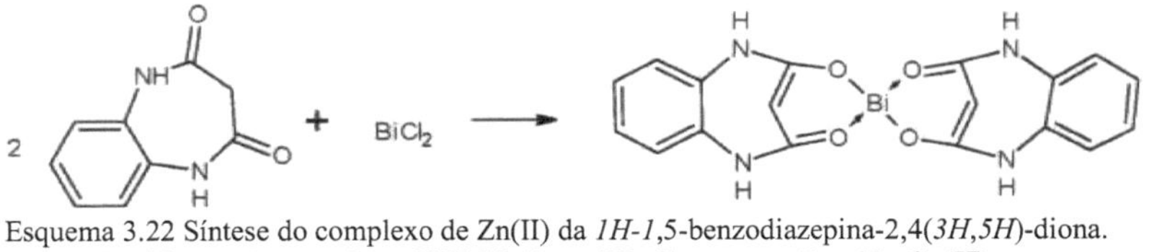

Esquema 3.22 Síntese do complexo de Zn(II) da *1H-1*,5-benzodiazepina-2,4(*3H,5H*)-diona.

3.6.15) Síntese do complexo *N,N'*-bis(4-metilfenil)propanodiamida Cu(II)
A N,N'-bis(4-metilfenil)propanodiamida 2 mmol (.6 g) foi reagida com CuCl2 1mmol (.17 g) em metanol numa proporção de 2:1. O produto precipitado foi lavado com metanol e água. A reação para a preparação do complexo *N,N'*-bis(4-metilfenil)propanodiamida Cu(II) é apresentada no esquema 3.23.

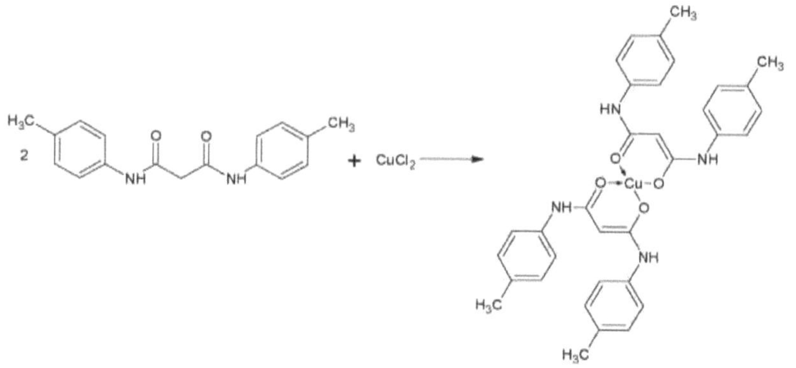

Esquema 3.23 Síntese do complexo *N,N'*-bis(4-metilfenil)propanodiamida Cu(II).

3.6.16) Síntese do complexo *N,N'*-bis(4-metilfenil)propanodiamida Co(II)

A N,N'- bis (4-metilfenil) propanodiamida 1,5 g (2 mmol) foi reagida com CoCl2 0,15 g (1 mmol) em metanol na proporção de 2:1. O produto acelerado foi lavado com metanol e água. A resposta para o arranjo do complexo N,N'- bismethylphenyl) propanediamide Co(II) é dada no plano 3.24.

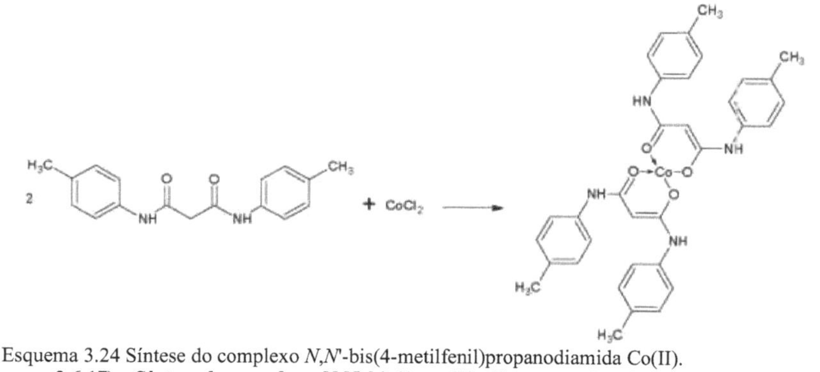

Esquema 3.24 Síntese do complexo *N,N'*-bis(4-metilfenil)propanodiamida Co(II).

3.6.17) Síntese do complexo *N,N'*-bis(4-metilfenil)propanodiamida Cr(II)

A N,N'- bis(4-metilfenil)propanodiamida 1,5 g (2 mmol) foi reagida com CrCl2 0,13 g (1mmol) em metanol numa proporção de 2:1. A resposta para o arranjo do complexo N,N'- bis(metilfenil) propanodiamida Cr(II) é dada no plano 3.25.

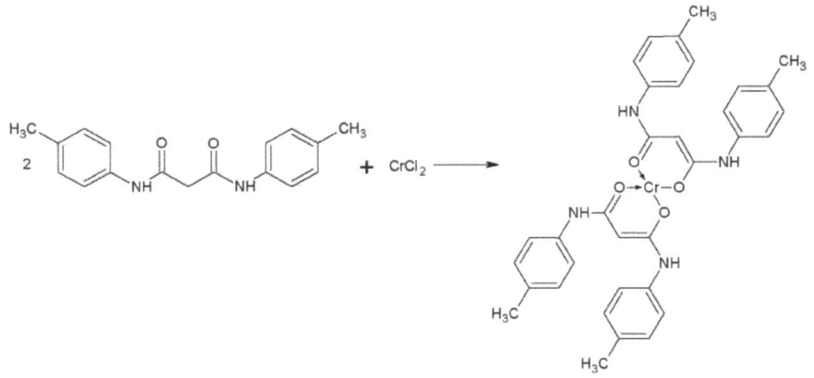

Esquema 3.25 Síntese do complexo *N*, *N'*-bis(4-metilfenil)propanodiamida Cr(II).
3.6.18) Síntese do complexo *N,N'*-bis(4-metilfenil)propanodiamida Zn(II)
Reagiu-se *a N,N'*-bis(4-metilfenil)propanodiamida 1,5 g(2 mmol) com ZnCl2 0,18g
(1mmol) em metanol numa proporção de 2:1. A reação para a preparação do complexo *N,N'*-bis(metilfenil)propanodiamida Zn(II) é apresentada no esquema 3.26.

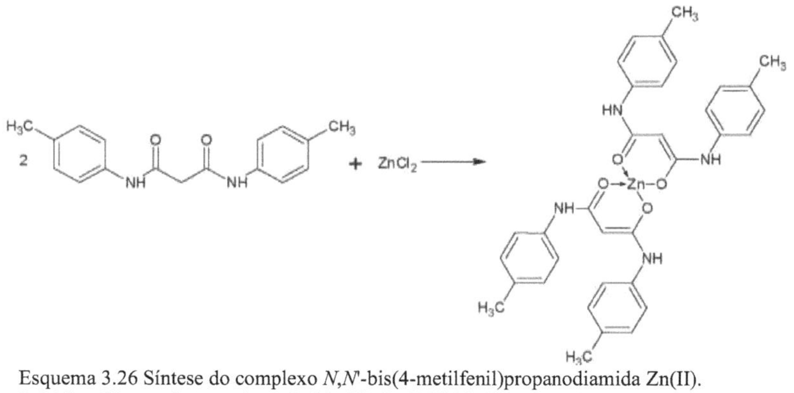

Esquema 3.26 Síntese do complexo *N,N'*-bis(4-metilfenil)propanodiamida Zn(II).
3.6.19) Síntese do complexo de Mn(II) da *N,N'*-bis(4-metilfenil)propanodiamida
A N,N'- bis(4-metilfenil) propanodiamida 1,5 g (2 mmol) foi reagida com MnCl2 0,13g (1mmol) em
metanol na proporção de 2:1. O item incentivado foi lavado com metanol e água. A resposta para o
planeamento do complexo N,N'- bis(4-metilfenil) propanodiamida Mn(II) é dada no plano 3.27.'
Esquema 3.27 Síntese do complexo N,*N'*-bis(4-metilfenil)propanodiamida Mn(II).
3.6.20) Síntese do complexo *N,N'*-bis(4-metilfenil)propanodiamida Ni(II)
A N,N'- bis(4-metilfenil) propanodiamida 1,5 g (2 mmol) foi reagida com MnCl2 0,13g (1mmol) em
metanol numa proporção de 2:1. O produto obtido foi lavado com metanol e água. A reação para a
obtenção do complexo N,N'- bis(4-metilfenil) propanodiamida Mn(II) é apresentada no esquema 3.27.

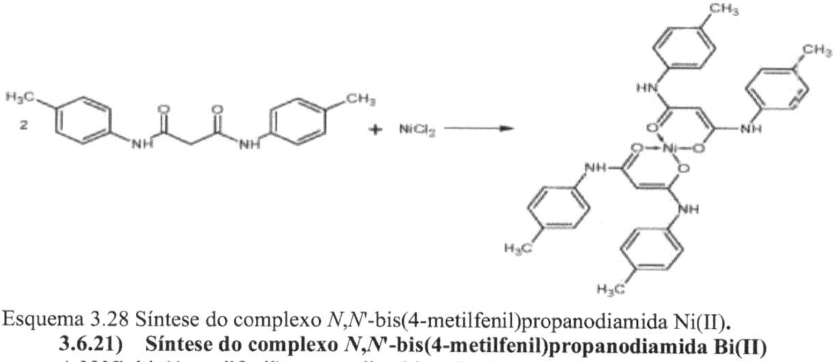

Esquema 3.28 Síntese do complexo *N,N'*-bis(4-metilfenil)propanodiamida Ni(II).

3.6.21) Síntese do complexo *N,N'*-bis(4-metilfenil)propanodiamida Bi(II)

A N,N'- bis(4-metilfenil)propanodiamida 1,5 g (2 mmol) foi reagida com BiCl2 0,28g (1mmol) em metanol na proporção de 2:1. O produto estimulado foi lavado com metanol e água. A resposta para o arranjo do complexo N,N'- bis(4-metilfenil)propanodiamida Bi(II) é dada no plano 3.29.

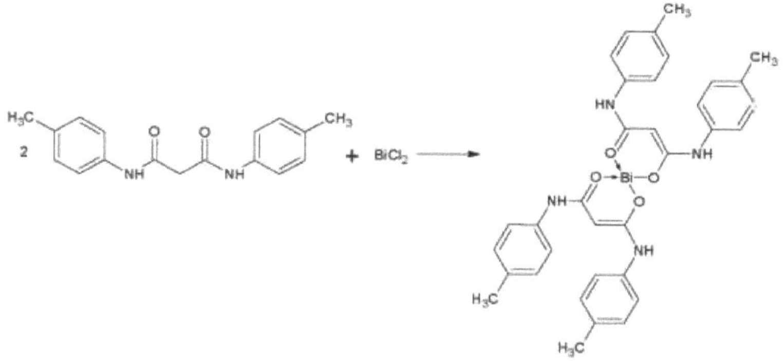

Esquema 3.29 Síntese do complexo *N,N'*-bis(4-metilfenil)propanodiamida Bi(II).

3.6.22) Síntese do complexo *N*-(4-metilfenil)-3-oxobutanamida Cu(II)

A N-(4-metilfenil)-3-oxobutanamida 0,4 g (2 mmol) foi reagida com 0,14 g de CuCl2 (1mmol) em metanol numa proporção de 2:1. O produto acelerado foi lavado com metanol e água. A resposta para o planeamento do complexo N-(4-metilfenil)-3-oxobutanamidaCu (II) é dada no plano 3.30.

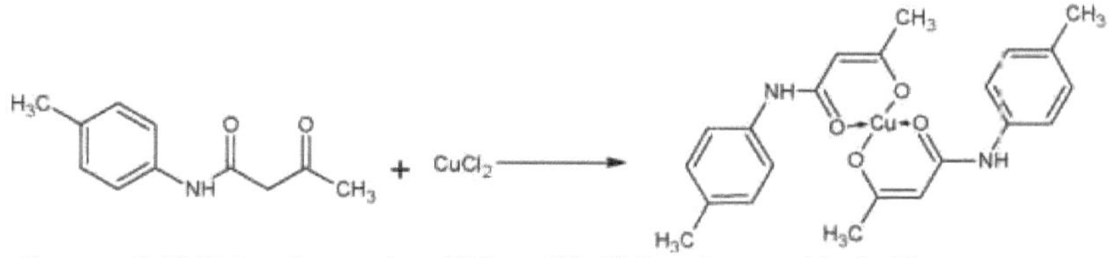

Esquema 3.30 Síntese do complexo *N*-(4-metilfenil)-3-oxobutanamida-Cu(II).

3.6.23) Síntese do complexo *N*-(4-metilfenil)-3-oxobutanamida Co(II)

A N-(4-metilfenil)-3-oxobutanamida 0,4g (2 mmol) foi reagida com CoCl2 0,15g (1mmol) em metanol numa proporção de 2:1. O produto encorajado foi lavado com metanol e água. A resposta para a preparação do complexo N-(4-metilfenil)-3-oxobutanamidaCo (II) é dada no plano 3.31.

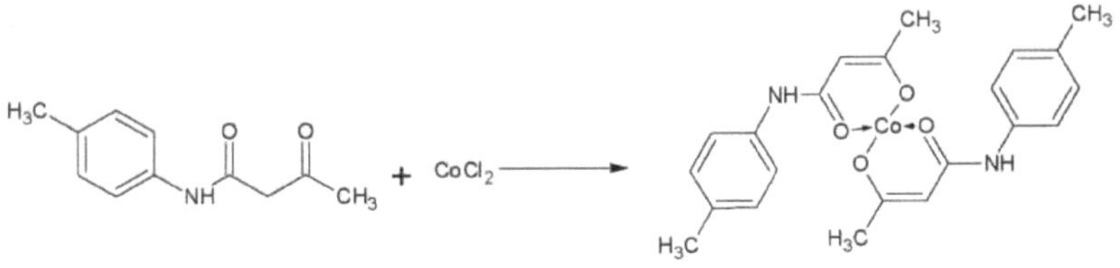

Esquema 3.31 Síntese do complexo *N*-(4-metilfenil)-3-oxobutanamidaCo(II).

3.6.24) Síntese do complexo *N*-(4-metilfenil)-3-oxobutanamida Cr(II)

A N-(4-metilfenil)-3-oxobutanamida 0,4g (2 mmol) foi reagida com CoCl20,15g (1mmol) em metanol na proporção de 2:1. O item incentivado foi lavado com metanol e água. A resposta para o planeamento do complexo N-(4-metilfenil)-3-oxobutanamidaCo (II) é dada no plano 3.31

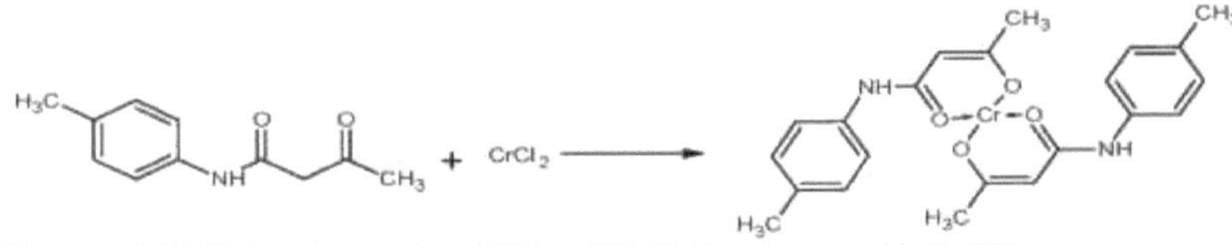

Esquema 3.32 Síntese do complexo *N*-(4-metilfenil)-3-oxobutanamida Cr (II).

3.6.25) Síntese do complexo *N*-(4-metilfenil)-3-oxobutanamida Zn(II)

A N-(4-metilfenil)-3-oxobutanamida 0,4g (2mmol) foi reagida com ZnCl2 0,13g (1mmol) em metanol numa proporção de 2:1. O produto acelerado foi lavado com metanol e
arranjo em água. A resposta para o arranjo do complexo N-(4-metilfenil)-3-oxobutanamidaZn(II) é dada na

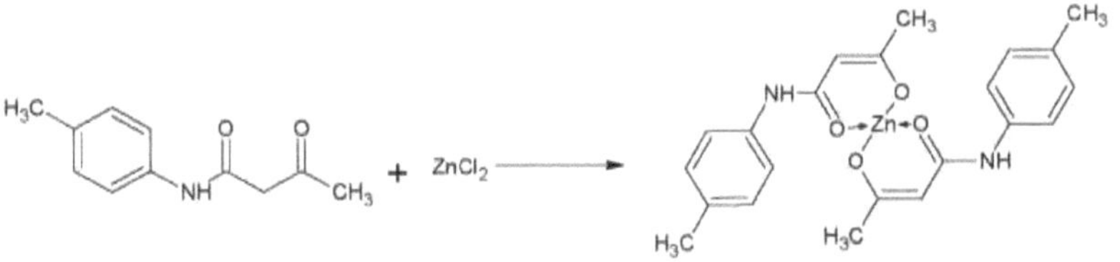

planta 3.33

Esquema 3.33 Síntese do complexo *N*-(4-metilfenil)-3-oxobutanamidaZn(II).

3.6.26) Síntese do complexo *N*-(4-metilfenil)-3-oxobutanamida Mn(II)

A N-(4-metilfenil)-3-oxobutanamida 0,4g (2 mmol) foi reagida com MnCl2 0,13g (1mmol) em metanol na proporção de 2:1. O item incentivado foi lavado com metanol e água. A resposta para o planeamento do complexo N-(4-metilfenil)-3-oxobutanamidaMn(II) é dada no plano 3.34

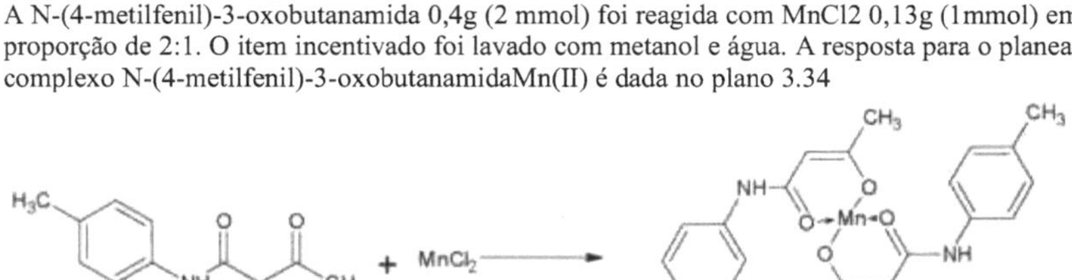

Esquema 3.34 Síntese do complexo *N*-(4-metilfenil)-3-oxobutanamidaMn (II).

3.6.27 Síntese do complexo *N*-(4-metilfenil)-3-oxobutanamida Ni(II)

A N-(4-metilfenil)-3-oxobutanamida o.4g (2 mmol) foi reagida com NiCl2 0.13g (1mmol) em metanol na proporção 2:1. O item apressado foi lavado com metanol e água. A resposta para a preparação do complexo N-(4-metilfenil)-3-oxobutanamidaNi(II) é dada no plano 3.35.

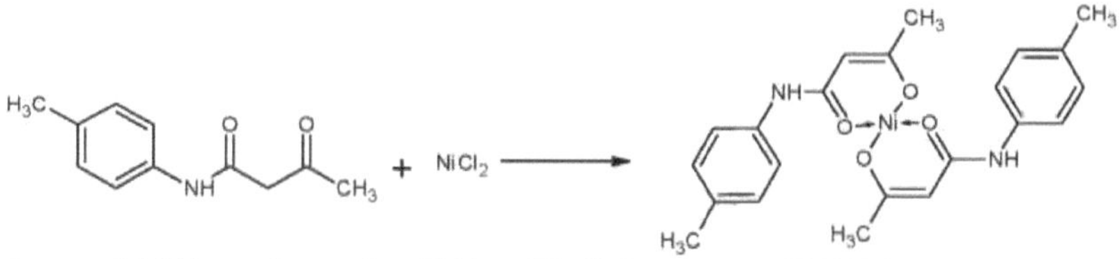

Esquema 3.35 Síntese do complexo *N*-(4-metilfenil)-3-oxobutanamidaNi (II).

3.6.28) Síntese do complexo *N*-(4-metilfenil)-3-oxobutanamida BiII)

A N-(4-metilfenil)-3-oxobutanamida 0,4g (2 mmol) foi reagida com BiCl2 0,28g (1mmol) em metanol na proporção de 2:1. O produto apressado foi lavado com metanol e água. A resposta para o arranjo do complexo N-(4-metilfenil)-3-oxobutanamidaBi(II) é dada no plano 3.36.

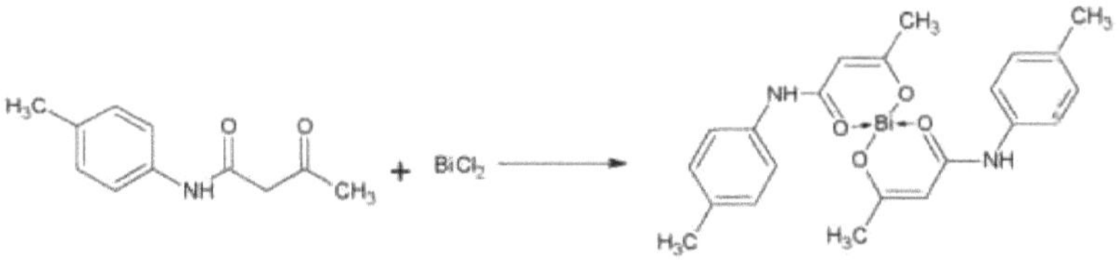

Esquema 3.36 Síntese do complexo *N*-(4-metilfenil)-3-oxobutanamida Bi (II).

3.6.29) Síntese do complexo *N*-(2-nitrofenil)-3-oxobutanamida Cu (II)

A N-(2-nitrofenil)-3-oxobutanamida (2mmol) foi reagida com CuCl2 (1mmol) em metanol numa proporção de 2:1. O item apressado foi lavado com metanol e água. A resposta para o arranjo da N-(2-nitrofenil)-3-oxobutanamida

O complexo de Cu (II) é apresentado na planta 3.17.

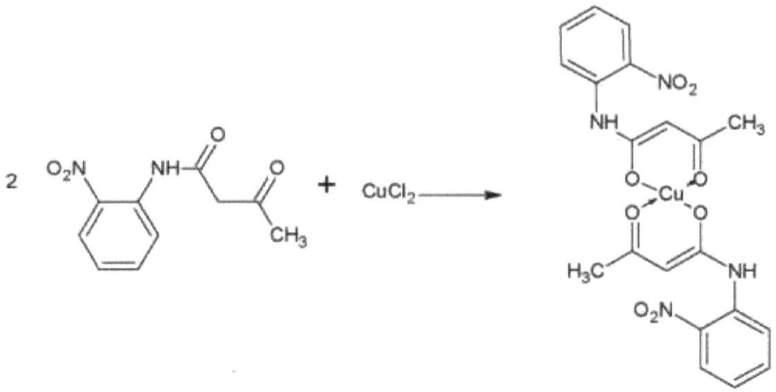

Esquema 3.37 Síntese do complexo *N*-(2-nitrofenil)-3-oxobutanamida Cu (II).

3.6.30) Síntese do complexo *N*-(2-nitrofenil)-3-oxobutanamida Co (II)

A N-(2-nitrofenil)-3-oxobutanamida 0,45g (2mmol) foi reagida com CoCl2 0,15g (1mmol) em metanol na proporção de 2:1. O produto acelerado foi lavado com
arranjo em metanol e água. A resposta para o arranjo de N-(2-nitrofenil)-
O complexo de 3-oxobutanamida de Co (II) é apresentado na planta 3.38.

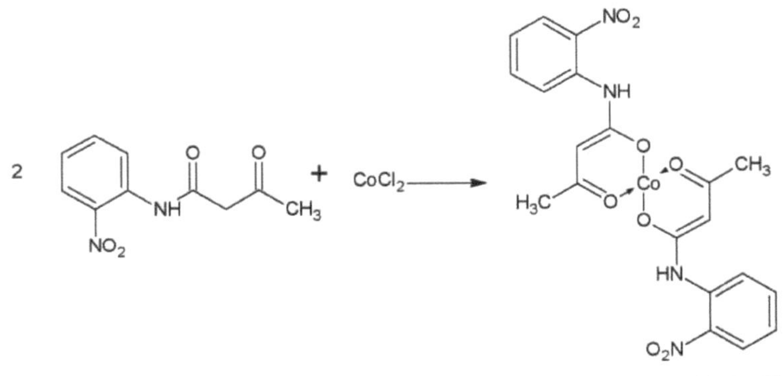

Esquema 3.38 Síntese do complexo *N*-(2-nitrofenil)-3-oxobutanamida Co (II).

3.6.31) Síntese do complexo *N*-(2-nitrofenil)-3-oxobutanamida Cr (II)

A N-(2-nitrofenil)-3-oxobutanamida 0,45g (2mmol) foi reagida com CoCl2 0,15g (1mmol) em metanol na proporção de 2:1. O item apressado foi lavado com metanol e água. A resposta para a preparação do complexo N-(2-nitrofenil)-3-oxobutanamida Co (II) é dada no plano 3.38

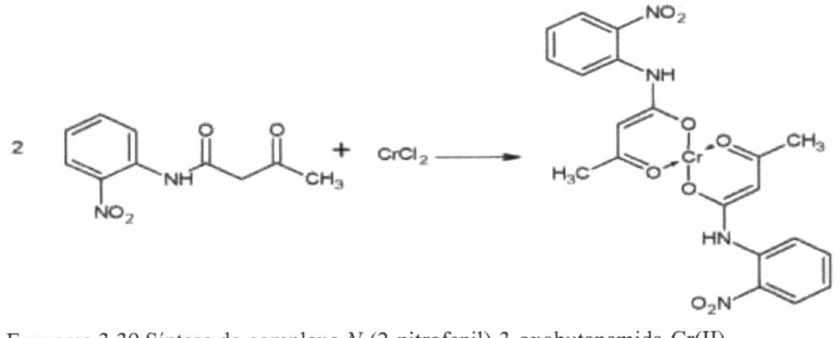

Esquema 3.39 Síntese do complexo *N*-(2-nitrofenil)-3-oxobutanamida-Cr(II).

3.6.32) Síntese do complexo *N*-(2-nitrofenil)-3-oxobutanamida Zn(II)

A N-(2-nitrofenil)-3-oxobutanamida 0,45g (2 mmol) foi reagida com ZnCl2 0,18g (1mmol) em metanol na proporção de 2:1. O item acelerado foi lavado com metanol e água. A resposta para a preparação do complexo N-(2-nitrofenil)-3-oxobutanamidaZn(II) é dada no plano 3.40.

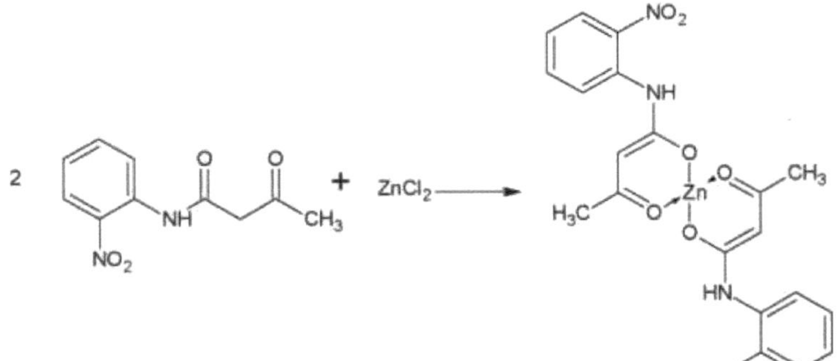

Esquema 3.40 Síntese do complexo *N*-(2-nitrofenil)-3-oxobutanamidaZn(II).

3.6.33) Síntese do complexo *N*-(2-nitrofenil)-3-oxobutanamida Mn(II)

A N-(2-nitrofenil)-3-oxobutanamida 0,45g (2mmol) foi reagida com MnCl2 0,13g

(1mmol) em metanol numa proporção de 2:1. O produto acelerado foi lavado com metanol e água. A resposta para o planeamento do Esquema 3.21 de amálgama do complexo N-(2- nitrofenil)- 3-oxobutanamidaMn(II) é dada no plano 3.41.

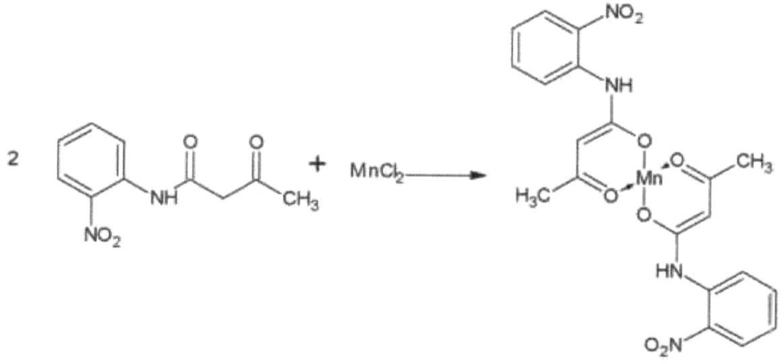

Esquema 3.41 Síntese do complexo N-(2-nitrofenil)-3-oxobutanamidaMn(II).

3.6.34) Síntese do complexo N-(2-nitrofenil)-3-oxobutanamida Ni(II)

A N-(2-nitrofenil)-3-oxobutanamida 0,45g (2 mmol) foi reagida com NiCl2 0,13g (1mmol) em metanol numa proporção de 2:1. O produto obtido foi lavado com metanol e água. A resposta para o planeamento da combinação do Esquema 3.21 do complexo N-(2- nitrofenil)-3-oxobutanamidaNi(II) é dada no plano 3.42.

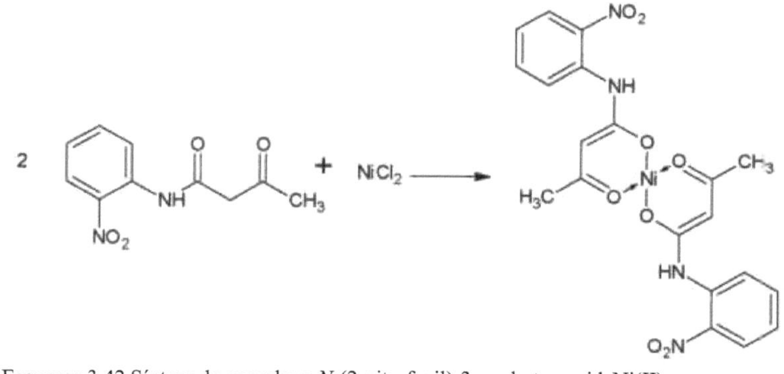

Esquema 3.42 Síntese do complexo N-(2-nitrofenil)-3-oxobutanamidaNi(II).

3.6.35) Síntese do complexo N-(2-nitrofenil)-3-oxobutanamida Bi(II)

A N-(2-nitrofenil)-3-oxobutanamida 0,45g (2mmol) foi reagida com BiCl2 0,28g (1mmol) em metanol na proporção de 2:1. O produto acelerado foi lavado com metanol e água. A resposta para o arranjo da mistura do Esquema 3.21 do complexo N-(2- nitrofenil)- 3-oxobutanamidaBi(II) é dada no plano 3.43.

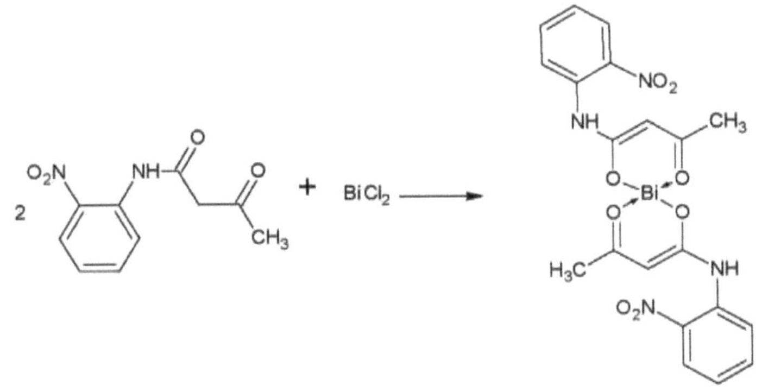

Esquema 3.43 Síntese do complexo *N*-(2-nitrofenil)-3-oxobutanamidaBi(II).

3.6.36) Síntese do complexo *N,N'*-bis(2-nitrofenil)propanodiamida Cu(II)

A N,N'- bis(2-nitrofenil)propanodiamida 0,65g (2 mmol) foi reagida com CuCl2 0,14 g (1mmol) em metanol na proporção de 2:1. O item incentivado foi lavado com metanol e água. A resposta para o planeamento do complexo N,N'- bis(2- nitrofenil)propanodiamida Cu(II) é dada no plano 3.44.

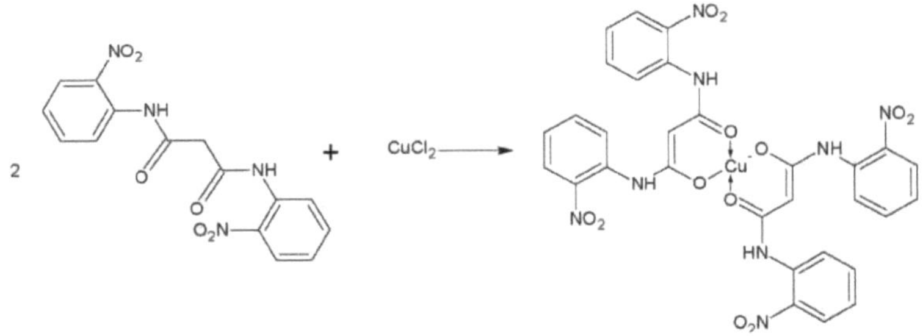

Esquema3.44.Síntese do complexo *N, N'*-bis(2-nitrofenil)propanodiamida Cu(II)

3.6.37) Síntese do complexo *N,N'*-bis(2-nitrofenil)propanodiamida Co(II)

A N, N'- bis (2-nitrofenil) propanodiamida 0,65g (2 mmol) foi reagida com CoCl2 0,15g (1mmol) em metanol na proporção de 2:1. O produto acelerado foi lavado com metanol e água. A resposta para o arranjo do complexo N,N'- bis(2nitrofenil) propanodiamida Co (II) é dada no plano 3.45.

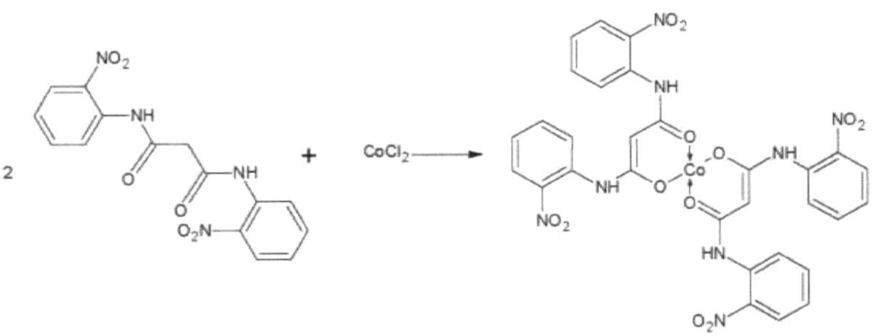

Esquema 3.45 Síntese do complexo *N, N'*-bis(2-nitrofenil)propanodiamida Co(II).

3.6.38) Síntese do complexo *N, N'*-bis(2-nitrofenil)propanodiamida Cr(II)

A N,N'- bis(2-nitrofenil)propanodiamida 0,65g (2 mmol) foi reagida com CoCl2 0,15g (1mmol) em metanol na proporção de 2:1. O item incentivado foi lavado com metanol e água. A resposta para a preparação do complexo N,N'- bis(2nitrofenil)propanodiamida Co (II) é apresentada no plano 3.45.

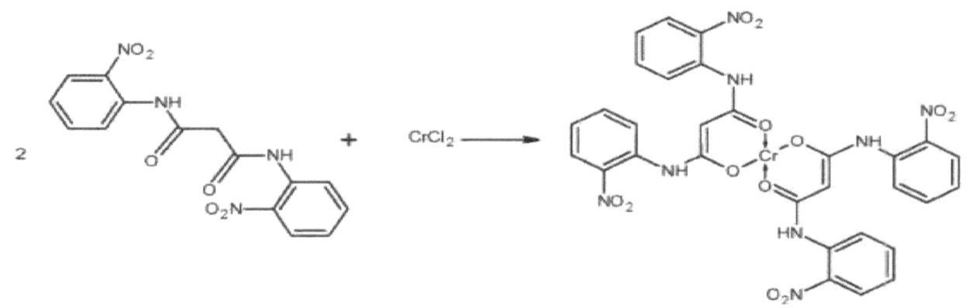

Esquema 3.46 Síntese do complexo *N, N-bis*(2-nitrofenil)propanodiamida Cr(II).

3.6.39) Síntese do complexo *N*-(4-metilfenil)-3-oxobutanamida Zn(II)

A N-(4-metilfenil)-3-oxobutanamida 0,65 g (2 mmol) foi reagida com ZnCl2 0,18 g (1mmol) em metanol na proporção de 2:1. O item apressado foi lavado com metanol e água. A resposta para a preparação do complexo N-(4-metilfenil)-3-oxobutanamidaZn(II) é dada no plano 3.47.

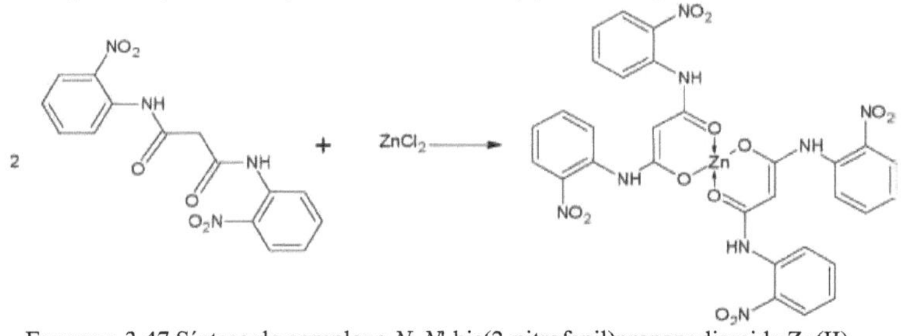

Esquema 3.47 Síntese do complexo *N, N'-*bis(2-nitrofenil)propanodiamida Zn(II).

3.6.40) Síntese do complexo *N,N'-*bis(2-nitrofenil)propanodiamidaMn(II)

A N,N'- bis(2-nitrofenil)propanodiamida 0,65 g (2 mmol) foi reagida com MnCl2 0,13 g (1mmol) em metanol numa proporção de 2:1. O item apressado foi lavado com metanol e água. A resposta para c planeamento do complexo N,N'- bis(2nitrofenil) propanodiamida Mn(II) é dada no plano 3.48.

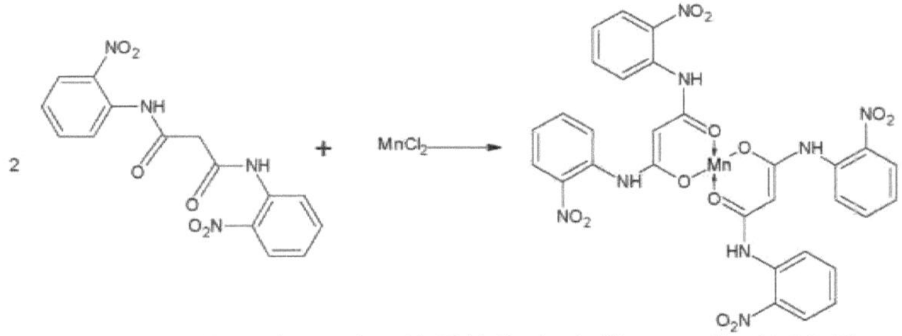

Esquema 3.48 Síntese do complexo N, *N'-*bis(2-nitrofenil)propanodiamida Mn(II)

3.6.41) Síntese do complexo *N, N'-*bis(2-nitrofenil)propanodiamida Ni(II)

A N,N'- bis(2-nitrofenil)propanodiamida 0,65 g (2 mmol) foi reagida com NiCl2 0,13 g (1mmol) em metanol na proporção de 2:1. O produto acelerado foi lavado com metanol e água. A resposta para o planeamento do complexo N,N'- bis(2-nitrofenil) propanodiamida Ni(II) é dada no plano 3.49.

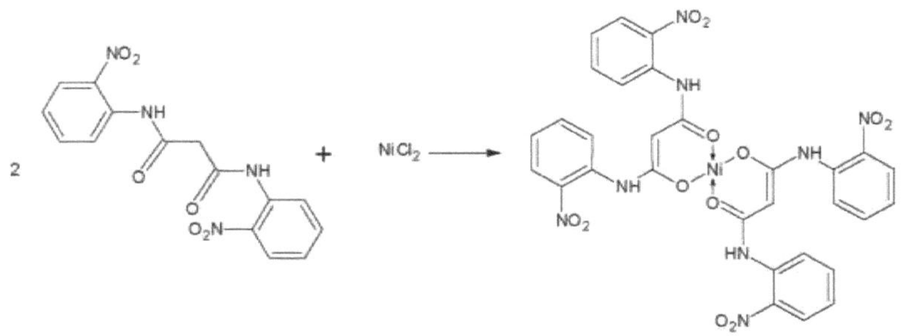

Esquema 3.49 Síntese do complexo *N,N'*-bis(2-nitrofenil)propanodiamida Ni(II).

. **3.6.42) Síntese do complexo *N,N'*-bis(2-nitrofenil)propanodiamida Bi(II)**

A N,N'- bis(2-nitrofenil)propanodiamida 0,65 g (2 mmol) foi reagida com BiCl2 0,28
g (1mmol) em metanol numa proporção de 2:1. O produto apressado foi lavado com metanol e água.
A resposta para o planeamento do complexo N,N'- bis(2-nitrofenil) propanodiamida Bi(II) é dada no plano
3.50.

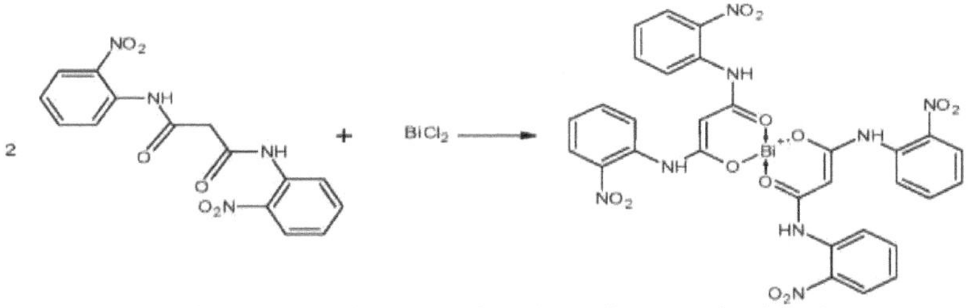

Esquema 3.50 Síntese do complexo *N, N'*-bis(2-nitrofenil)propanodiamida Bi(II).

3.6.43) Síntese do complexo *N,N'*-bis(2-nitrofenil)propanodiamida Cu(II)

A N,N'- bis(2-nitrofenil)propanodiamida 0,50 g (2 mmol) foi reagida com CuCl2 0,14 g (1mmol) em
metanol numa proporção de 2:1. O item apressado foi lavado com metanol e água. A resposta para a
preparação do complexo N,N'- bis(2-nitrofenil) propanodiamida Cu(II) é apresentada no esquema 3.51.

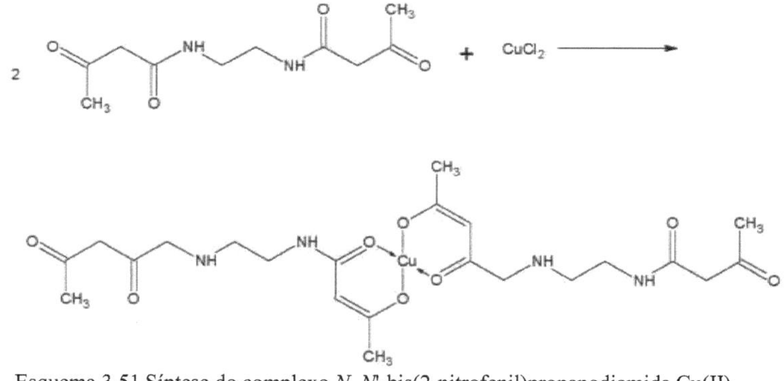

Esquema 3.51 Síntese do complexo *N, N'*-bis(2-nitrofenil)propanodiamida Cu(II).

3.6.44)   Síntese do complexo *N,N'*-bis(2-nitrofenil)propanodiamida Co(II)

N,N'- bis(2-nitrofenil)propanodiamida 0,50 g (2 mmol) foi reagido com CoCl2 0,15 g (1mmol) em metanol na proporção de 2:1. O produto acelerado foi lavado com metanol e água. A resposta para o arranjo do complexo N,N'- bis(2nitrofenil) propanodiamida Co(II) é apresentada no Esquema 3.52.

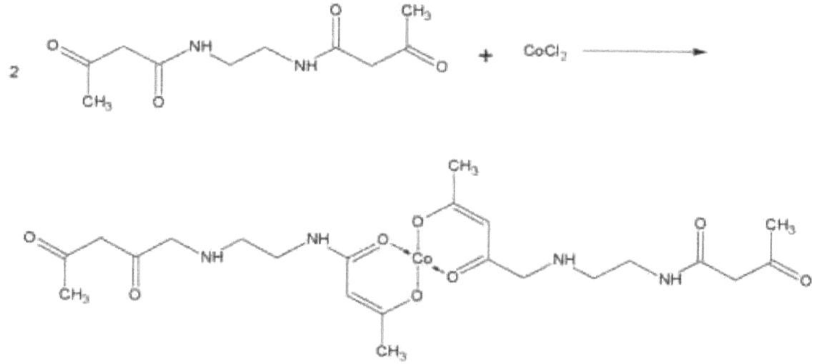

Esquema 3.52 Síntese do complexo *N,N'*-bis(2-nitrofenil)propanodiamida Co(II).

3.6.45)   Síntese do complexo *N,N'*-bis(2-nitrofenil)propanodiamida Cr(II)

A N,N'- bis(2-nitrofenil)propanodiamida 0,50 g (2 mmol) foi reagida com CrCl2 0,13 g (1mmol) em metanol numa proporção de 2:1. O item incentivado foi lavado com metanol e água. A resposta para a preparação do complexo N,N'- bis(2-nitrofenil) propanodiamida Cr(II) é apresentada no plano 3.53.

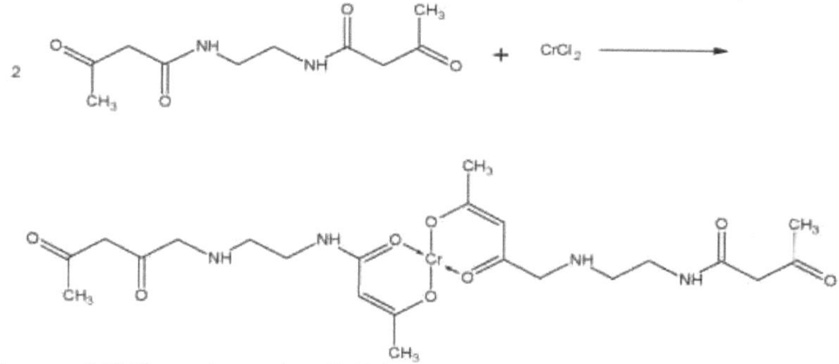

Esquema 3.53 Síntese do complexo *N, N'*-bis (2-nitrofenil)propanodiamida Cr(II).

3.12.46) Síntese do complexo *N*-(4-metilfenil)-3-oxobutanamida Zn(II)

A N-(4-metilfenil)-3-oxobutanamida 0,50 g (2 mmol) foi reagida com ZnCl2 0,18 g (1mmol) em metanol na proporção de 2:1. O produto apressado foi lavado com metanol e água. A resposta para o arranjo do complexo N-(4-metilfenil)-3-oxobutanamidaZn(II) é dada no plano 3.54.

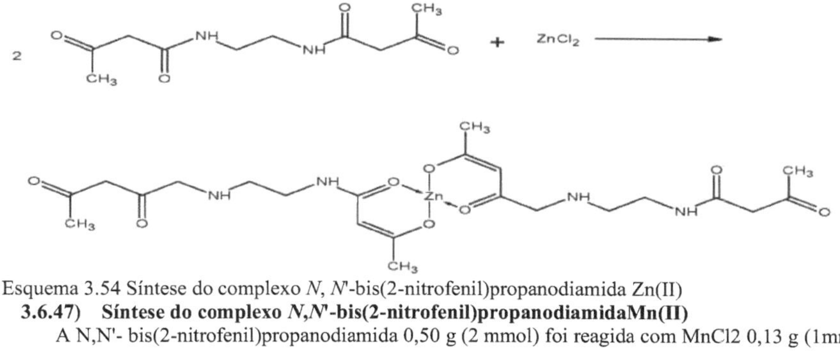

Esquema 3.54 Síntese do complexo *N, N'*-bis(2-nitrofenil)propanodiamida Zn(II)

3.6.47)   Síntese do complexo *N,N'*-bis(2-nitrofenil)propanodiamidaMn(II)

A N,N'- bis(2-nitrofenil)propanodiamida 0,50 g (2 mmol) foi reagida com MnCl2 0,13 g (1mmol) em metanol na proporção de 2:1. O item incentivado foi lavado com metanol e água. A resposta para o arranjo do complexo N,N'- bis(2-nitrofenil) propanodiamida Mn(II) é dada no plano 3.55.

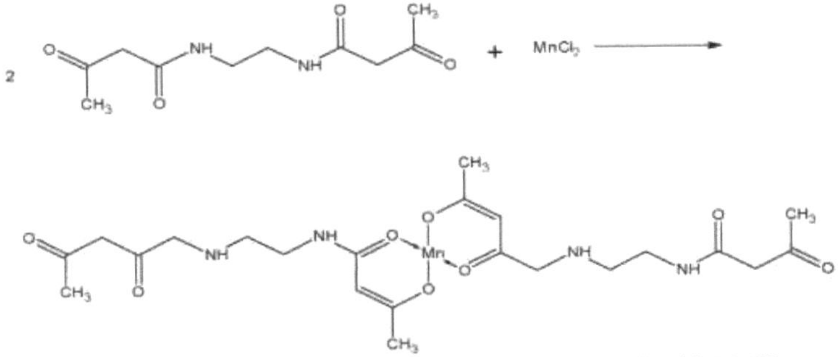

Esquema 3.55 Síntese do complexo N, *N'*-bis(2-nitrofenil)propanodiamida Mn(II).

3.6.48) Síntese do complexo *N*-(4-metilfenil)-3-oxobutanamida Ni(II)

A N-(4-metilfenil)-3-oxobutanamida 0,50 g (2 mmol) foi reagida com NiCl2 0,13 g (1mmol) em metanol na proporção de 2:1. O item apressado foi lavado com metanol e água. A resposta para a preparação do complexo N-(4-metilfenil)-3-oxobutanamidaNi(II) é dada no plano 3.56.

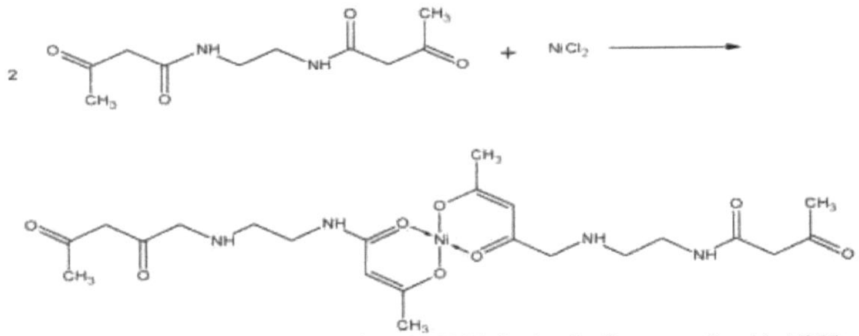

Esquema 3.56 Síntese do complexo *N, N'*-bis(2-nitrofenil)propanodiamida Ni(II).

3.6.49) Síntese do complexo *N*-(4-metilfenil)-3-oxobutanamida-Bi (II)

A N-(4-metilfenil)-3-oxobutanamida 0,50 g (2 mmol) foi reagida com BiCl2 0,28 g (1mmol) em metanol na proporção de 2:1. O produto acelerado foi lavado com metanol e água. A resposta para o planeamento do complexo N-(4-metilfenil)-3-oxobutanamida Bi(II) é dada no plano 3.57.

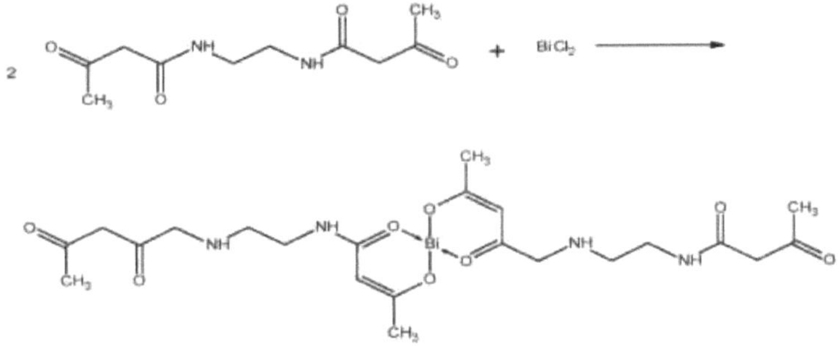

Esquema 3.57 Síntese do complexo *N, N'*-bis(2-nitrofenil)propanodiamida Bi(II).

CAPÍTULO 4
RESULTADOS E DISCUSSÃO

Subordinados de amida; 3-oxo-N-{ 2-[(3-oxobutanoil)amino]fenil} pentanamida 1H-1,5- benzodia-
zepina-2,4(3H,5H)- diona , N,N'- bis(4-metilfenil)propanodiamida, N-(4-metilfenil)- 3-
oxobutanamida, N-(2-nitrofenil)- 3-oxobutanamida, N,N'- bis(2-nitrofenil)-propanodiamida, N,N'-
etano-1,2-diilbis(3-oxobutanamida)foram organizados através da reação de aminas na vizinhança de
DCM e ésteres e movem edifícios metálicos (M2+ = Cu2+, Co+2, Cr2+, Zn2+, Mn2+ , Ni2+ , Bi2+)
dos edifícios de 3-oxo-N-{ 2-[(3-oxobutanoil) amino]fenil} pentanamida , 1H-1,5-benzodiazepina-
2,4(3H,- 5H)- diona , N,N'- bis(4-metilfenil)propanodiamida, N-(4-metilfenil)- 3-oxobutanamida, N-
(2-nitro-fenil)- 3-oxobutanamida, N,N'- bis(2-nitrofenil)propanodiamida, N,N'- etano-1,2-di-ilbis(3-
oxobutanamida)foram igualmente combinados utilizando aminas alifáticas, perfumadas e
heterocíclicas utilizando ésteres como parte da vizinhança de DCM a 70 0C. Os ligandos foram
descritos por FTIR, 1H NMR e sistemas de espetroscopia de massa. A higienização dos ligandos foi
verificada por TLC e valores Rf, a taxa de rendimento dos ligandos foi SH01 55%, SH02 55%, SH03
71%, SH04 55%, 43% SH05, SH06 59% e SH07 47% e as suas propriedades físicas são apresentadas
nas Tabelas 1-9.

4.1   Estudo por RMN ^{1}H

Todos os ligandos misturados foram confirmados por investigação 1H NMR. As cristas protónicas em
causa foram determinadas nas suas extensões apropriadas, o que confirmou a união das misturas.

4.1.1 3-oxo-N-{ 2-[(3-oxobutanoil)amino]fenilpentanamida }

O espetro de 1H NMR da amida (SH-1) é apresentado na Fig. 1. A síntese da SH-1 foi confirmada devido
ao pico de singleto acentuado a 1,52 ppm para o protão do CH3 ligado ao grupo carbonilo, enquanto o pico
do protão do grupo CH2 apareceu a 1,8 ppm. O protão do grupo NH apresentou um singleto a 5,9 ppm, o
que confirmou a síntese da formação do composto. O multipleto para os protões aromáticos apareceu a 7,5
a 8 ppm.

4.1.2   1H-1,5-benzodiazepine-2,4(*3H,5H*)-dione

A gama 1H NMR da amida (SH-2) é apresentada na Fig. 2. A mistura de SH-2 foi confirmada devido ao
topo único nítido a 3,52 ppm para o protão de CH2 anexado à junção de carbonilo. O protão da junção NH
demonstrou um singleto a 5,5 ppm, o que constituiu a afirmação do arranjo do composto. O multipleto para
os protões de cheiro doce apareceu entre 7,2 e 7,5 ppm.

4.1.3   *N,N'*-bis(4-metilfenil)propanodiamida

A gama 1H NMR da amida (SH-3) é apresentada na Fig. 3. A união de SH-3 foi confirmada devido à crista
única acentuada a 1,62 ppm para o protão de CH3, enquanto o protão superior da junção CH2 apareceu a
1,78 ppm. O protão da junção NH demonstrou um singleto a 5,9 ppm, o que constituiu a afirmação do arranjo
do composto. O multipleto para os protões de cheiro doce foi apresentado entre 7,2 e 7,5 ppm.

4.1.4   *N,N'*-etano-1,2-diilbis(3-oxobutanamida

A gama 1H NMR da amida (SH-4) é apresentada na Fig. 4. A amálgama de SH-4 foi confirmada devido ao
topo único acentuado a 1,62 ppm para o protão de CH3 ligado
O protão da junção de carbonilo enquanto o protão superior da junção de CH2 apareceu a 1,78 ppm. O
protão da junção NH mostrou um solitário a 2,87 ppm, que foi a conformação do desenvolvimento do
composto.

4.1.5   *N*-(4-metilfenil)-3-oxobutanamida

A gama 1H NMR da amida (SH-5) é apresentada na Fig. 5. A união da SH-5 foi confirmada devido ao topo
de singleto acentuado a 1,62 ppm para o protão de CH3 anexado à junção de carbonilo, enquanto a crista de
protão da junção de CH2 foi mostrada a 1,78 ppm. O protão da junção NH demonstrou um singleto a 2,87
ppm, o que constituiu a afirmação da amálgama do arranjo do composto. O multipleto para os protões de cheiro
doce apareceu entre 6,9 e 7,3 ppm.

4.1.6   *N*-(2-nitrofenil)-3-oxobutanamida

A gama de 1H NMR da amida (SH-6) é apresentada na Fig. 6. A amálgama de SH-6 foi confirmada devido ao
topo de singleto acentuado a 2,48 ppm para o protão de CH3 anexado à junção de carbonilo, enquanto o topo
de protão da junção de CH2 foi mostrado a 3,12 ppm. O protão da junção NH demonstrou um singleto a 6,9
ppm, o que constituiu a afirmação da união do composto. O multipleto para os protões aromáticos apareceu
entre 7 e 8,2 ppm.

4.1.7   *N*-(2-nitrofenil)-3-oxobutanamida

A gama 1H NMR da amida (SH-7) é apresentada na Fig. 7. A união de SH-7 foi confirmada devido à crista de singleto acentuada a 3,2 ppm para o protão de CH2 anexado à junção de carbonilo. O protão da junção NH demonstrou um singleto a 6,8 ppm, o que constituiu a afirmação da combinação do composto. O multipleto para protões de cheiro doce foi mostrado a 7,2 a 7,4 ppm.

4.2 Estudo FTIR

Os ligandos sintetizados foram confirmados por análise FTIR que mostrou todos os picos representativos dos derivados de amidas e todos os picos importantes são apresentados na Tabela 10.

4.2.1 *3-oxo-N-{2-[(3-oxobutanoil)amino]fenil}pentanamida*

Na amida (SH01), a crista CH3 aparece a 3192 cm-1 , o estiramento C-H no topo a 3231 cm-1 , Ar C=C aparece a 1515 cm-1 , enquanto o topo C=O aparece a 1641cm-1. A presença de um singleto de - NH no topo a 3268 cm-1 confirma o desenvolvimento do composto (SH01) que não estava presente na gama FTIR dos reagentes. A gama de FTIR do ligando (SH01) é apresentada na Fig. 8.

4.2.2 1H-1,5-benzodiazepine-2,4(*3H,5H*)-dione

Na amida (SH02), o topo - CH3 aparece a 2943 cm-1 , o estiramento C-H aparece a 3168 cm-1 , o Ar C=C aparece a 1572 cm-1 , enquanto o C=O aparece a 1630 cm-1 . A presença de um singleto de - NH no topo a 3339 cm-1 confirma a disposição do composto (SH02) que não estava presente na gama de FTIR dos reagentes. A gama FTIR do ligando (SH02) é apresentada na Fig. 9.

4.2.3 *N,N'*-bis(4-metilfenil)propanodiamida

Na amida (SH03) - CH3 top aparece a 2931 cm-1 , o estiramento C-H crista a 3476 cm-1 , Ar C=C aparece a 1560 cm-1, enquanto o C=O crista aparece a 1630 cm-1. A presença de uma crista de singleto - NH a 3359 cm-1 confirma a disposição do composto (SH03), que não estava presente na gama de FTIR dos reagentes. A gama de FTIR do ligando (SH03) apresentada na Fig. 10

4.2.4 *N,N'*-etano-1,2-diilbis(3-oxobutanamida

Na amida (SH04) - CH3 top aparece a 2939 cm-1, Ar C=C aparece a 1568 cm-1, enquanto a crista C=O aparece a 1620 cm-1. A presença do monocrista -NH a 3343 cm-1 confirma a disposição do composto (SH04) que não estava presente na gama FTIR dos reagentes. A gama FTIR do ligando (SH04) é apresentada na Fig. 11.

4.2.5 *N*-(4-metilfenil)-3-oxobutanamida

Na amida (SH05), o topo CH3 aparece a 2972 cm-1, a crista de estiramento C-H a 3173 cm-1, o Ar C=C aparece a 1567 cm-1, enquanto o topo C=O aparece a 1623 cm-1. A presença de um singleto de - NH no topo a 3352 cm-1confirma o desenvolvimento do composto (SH05) que não estava presente na gama FTIR dos reagentes. A gama FTIR do ligando (SH05) é apresentada na Fig. 12.

4.2.6 *N*-(2-nitrofenil)-3-oxobutanamida

Na amida (SH06), o topo - CH3 aparece a 2983 cm-1, o estiramento C-H aparece a 3152 cm-1, o Ar C=C aparece a 1568 cm-1, enquanto o topo C=O aparece a 1620 cm-1. A presença de um singleto de - NH no topo a 3347 cm-1 confirma o desenvolvimento do composto (SH06) que não estava presente na gama FTIR dos reagentes. A gama de FTIR do ligando (SH06) é apresentada na Fig. 13.

4.2.7 *N,N'*-bis(2-nitrofenil)propanodiamida

Na amida (SH07), o topo CH3 aparece a 2945 cm-1, a crista de estiramento C-H a 3179 cm-1, o Ar C=C aparece a 1568 cm-1, enquanto o topo C=O aparece a 1632 cm-1. A presença de uma crista de singleto - NH a 3345 cm-1 confirma a disposição do composto (SH07) que não estava presente na gama FTIR dos reagentes. A gama de FTIR do ligando (SH07) é apresentada na Fig. 14.

4.3 Estudo FTIR de complexos metálicos

A evacuação do singleto superior -NH nos espectros afirma a disposição dos edifícios metálicos (Fig. 15-21). No complexo Cu, Ni, Mn, Co, Bi, Cr, Zn do composto (SH01), o topo - CH3 aparece a 3182 cm-1, a crista C=O aparece a 1641 cm-1 e o desaparecimento do topo simples -NH do composto (SH01) confirma o desenvolvimento do complexo. No complexo de Cu, Ni, Mn, Co, Bi, Cr, Zn do composto (SH02), o topo - CH3 aparece a 2943 cm-1, o topo C=O aparece a 1630 cm-1 e o desaparecimento do topo único -NH do composto (SH02) confirma a disposição do complexo. No complexo Cu, Ni, Mn, Co, Bi, Cr, Zn do composto (SH03), o topo - CH3 aparece a 3349 cm-1, a crista C=O aparece a 1628 cm-1 e o desaparecimento da crista única -NH do composto (SH03) confirma a disposição do complexo. No complexo de Cu, Ni, Mn, Co, Bi, Cr, Zn do composto (SH04), a crista - CH3 aparece a 3339 cm-1, a crista C=O aparece a 1615 cm-1 e o desaparecimento da crista simples -NH do composto (SH04) confirma a disposição do complexo. No complexo Cu, Ni, Mn, Co, Bi, Cr, Zn do composto (SH05), o topo - CH3 aparece a 2943 cm-1, o topo C=O aparece a 1623 cm-1 e o desaparecimento da crista única -NH do composto (SH05) confirma a disposição do complexo. No complexo de Cu, Ni, Mn, Co, Bi, Cr, Zn do composto (SH06), a crista - CH3 aparece a 2933 cm-1, o topo C=O aparece a 1620 cm-1 e o desaparecimento da crista simples -NH do composto (SH05) confirma a disposição do complexo.

do composto (SH06) confirma a disposição do complexo. No complexo de Cu, Ni, Mn, Co, Bi, Cr, Zn do composto (SH07), o topo - CH3 aparece a 2939 cm-1, a crista C=O aparece a 1620 cm-1 e o desaparecimento do topo único -NH do composto (SH07) confirma a disposição do complexo.

4.4 Estudo de espetroscopia de massa

O composto orquestrado foi confirmado por espetroscopia de massa porque o topo da partícula atómica era precisamente o mesmo que o da figura hipotética, o desenho da descontinuidade e o topo da partícula de secção diferente das misturas podem ser encontrados na fig. 22-28. Os intervalos de massa dos ligandos foram facilmente divididos em secções.

4.4.1 *3-oxo-N-{2-[(3-oxobutanoil)amino]fenil}pentanamida*

A gama de massas da 3-oxo-N-{ 2-[(3-oxobutanoil)amino]fenil} pentanamida (SH01) demonstrou a crista da partícula subatómica a 276 m/z, a segunda crista da peça crítica foi observada a 262,2 m/z e a 248.2 m/z por evacuação de - CH3 individualmente, os topos seguintes foram observados por evacuação progressiva de CO a 219,2 m/z e a 191,2 m/z, a secção essencial adicional foi observada a 177,1 m/z e a 164,1 m/z por descarga de -CH2, depois as partes apareceram a 106,1 m/z por evacuação de CO duas vezes. Ao descarregar o grupo NH de ambos os lados, os topos apareceram a 78 m/z. Assim, a 3-oxo-N-2-[(3-oxobutanoil)amino]-fenil} pentanamida{ foi confirmada (Tabela 11).

4.4.2 *1H-1*, 5-benzodiazepina-2, 4(*3H,5H*)-diona

O ligando 1H-1,5-benzodiazepina-2,4(3H,5H)-diona(SH02) demonstrou o topo da partícula atómica a 179 m/z, que é o peso sub-atómico genuíno do composto, enquanto o segundo topo da partícula foi visto a m/z 164, deixando a junção -CH3. No

Quando a junção de -CO foi isolada de ambos os lados da segunda parte, a crista apareceu a 136,1 m/z e 106 m/z com fratura adicional de 2-NH a 92 m/z e 78 m/z progressivamente. Assim, a 1H-1, 5-benzodiazepina-2,4(3H,5H)-diona foi confirmada (Tabela 12).

4.3.1 *N, N*'-bis(4-metilfenil)propanodiamida

O ligando N,N'- bis (4-metilfenil) propanodiamida (SH03) partícula atómica superior a 282 m/z. No momento em que a recolha de -CH3 foi descarregada, duas peças de tempo indicaram o topo a 268,3 m/z e 254,2 m/z separadamente, por evacuação de dois - C6H6 a crista da partícula de secção foi vista a 177 m/z e 100 m/z progressivamente, a peça imperativa foi vista por evacuação de - NH a 86 m/z e 72 m/z individualmente Assim, a N,N'- bis(4-metilfenil)propanodiamida foi afirmada (Tabela 13).

4.3.2 *N, N-etano-1*,2-diilbis(3-oxobutanamida

O ligando N,N'- etano-1,2-diilbis(3-oxobutanamida (SH04) apresentou o topo da partícula atómica a 226 m/z, que é o peso subatómico real do composto, enquanto o segundo topo da partícula foi observado a m/z 214,2, deixando a junção -CH3. Mais uma vez, ao deixar o -CH3, a crista do cacho aparece a 200,1 m/z. No momento em que a recolha de CO foi isolada de ambos os lados, o topo apareceu a 171,1 m/z e 142,1 m/z. A fracturação adicional de -CH2 a 129,1 m/z e 116,1 m/z é progressiva. Por evacuação de CO duas vezes a 87,1 m/z e 58,1 m/z, o N, N-etano-1,2-diilbis(3-oxobutanamida foi confirmado (Tabela 14).

4.3.3 *N*-(4-metilfenil)-3-oxobutanamida

O ligando N-(4-metilfenil)-3-oxobutanamida (SH05) apresentou o pico do ião molecular a 191,2 m/z, que é o peso molecular real do composto, enquanto o segundo pico do ião de fragmentação foi observado a m/z 177,1 deixando o grupo -CH3. Quando o grupo -CO foi separado do segundo fragmento, o pico apareceu a 149,1 m/z com fragmentação adicional de CH2CONH a 92,3 m/z. Com a remoção do -CH3 a 78 m/z, *a N*-(4-metilfenil)-3-oxobutanamida foi confirmada (Tabela 15).

4.3.4 *N*-(2-nitrofenil)-3-oxobutanamida

O ligando N-(2-nitrofenil)-3-oxobutanamida (SH06) demonstrou o topo da partícula sub-atómica a 222 m/z, que é o peso sub-atómico genuíno do composto; o topo da segunda secção foi observado a 208,1 m/z, deixando o grupo -CH3, enquanto a crista da partícula da terceira peça foi observada a m/z 179,1, deixando o grupo - CH2O. No momento em que o agrupamento -CH2CONH foi isolado da terceira peça, a crista foi mostrada a 123,1 m/z com mais fratura de NO2 a 78 m/z N-(2-nitrofenil)- 3-oxobutanamidafoi afirmado (Tabela 16).

4.3.5 *N,N*'-bis(2-nitrofenil)propanodiamida

O ligando N,N'- bis(2-nitrofenil)propanodiamida (SH07) demonstrou o topo da partícula subatómica a 344 m/z, que é o peso subatómico real do composto; o topo da segunda secção foi observado a 221,1 m/z e a 100 m/z progressivamente, deixando a massa de -C6H5NO2 duas vezes, enquanto o topo da partícula da peça seguinte foi observado a 88 m/z e a 72 m/z separadamente, deixando a massa de -NH. No momento em que a recolha de -CO foi isolada da peça, o topo apareceu a 44 m/z e a N, N'- bis(2-nitrofenil) propanodiamida foi afirmada (Tabela 17).

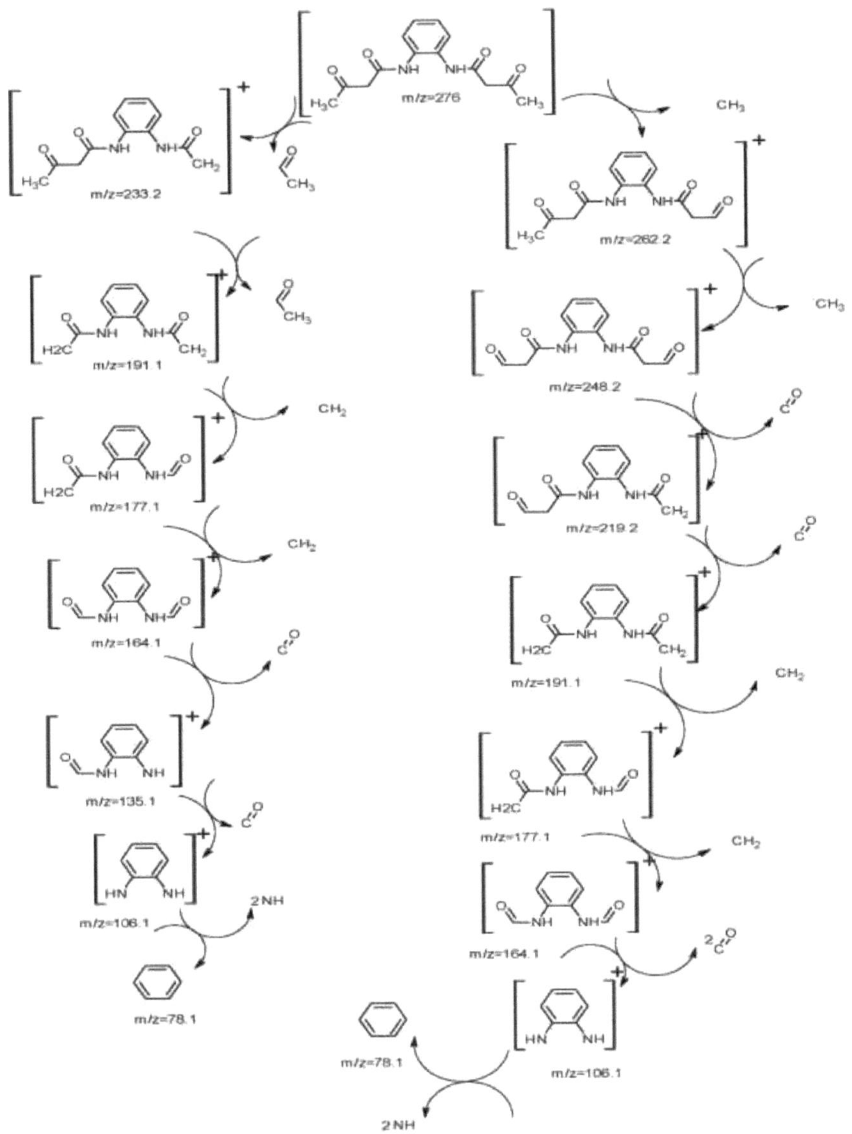

Esquema 4.1 Padrão de fragmentação da *3-oxo-N-2-*[(3-{ oxobutanoil)amino]fenil} pentanamida.

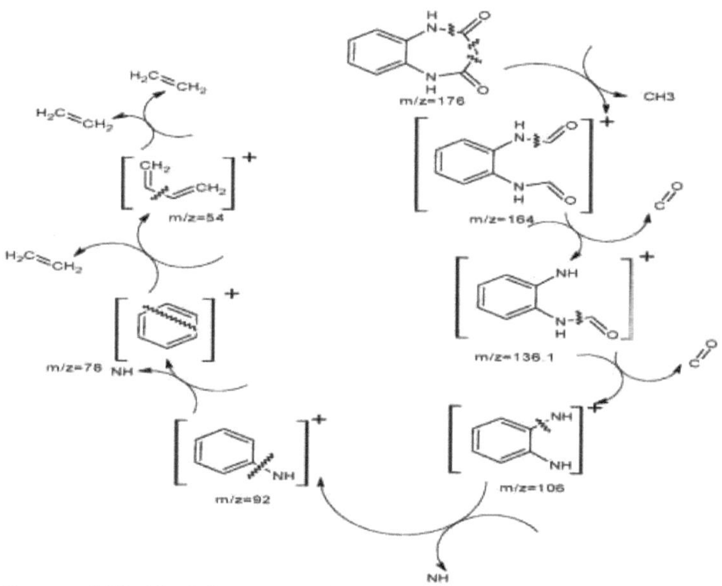

Esquema 4.2 Padrão de fragmentação da *1H-1*,5-benzodiazepina-2,4(*3H*,*5H*)-diona.

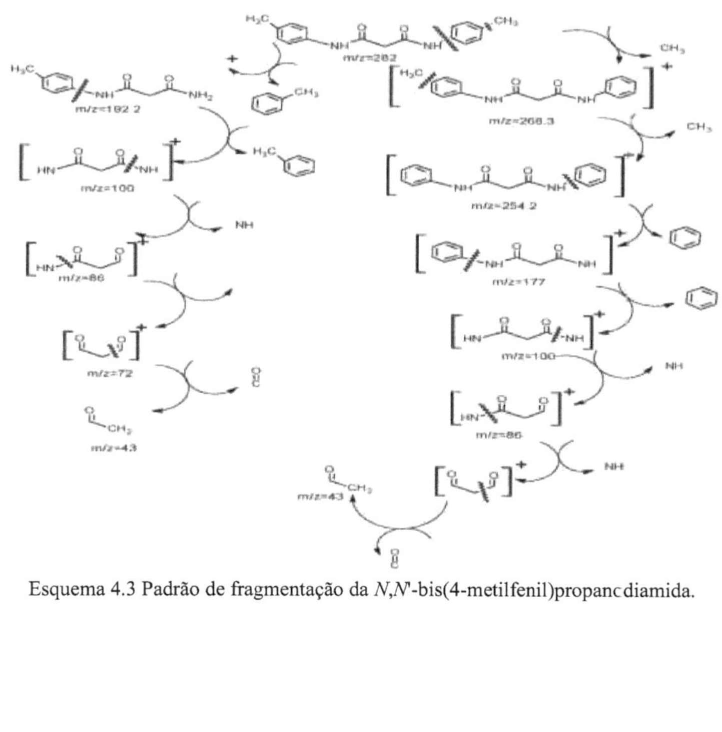

Esquema 4.3 Padrão de fragmentação da *N,N'*-bis(4-metilfenil)propanodiamida.

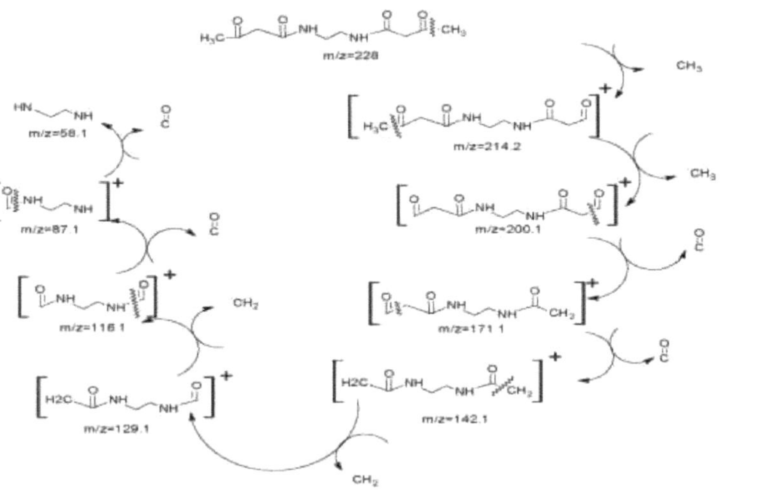

Esquema 4.4 Padrão de fragmentação da *N*-(4-metilfenil)-3-oxobutanamida.

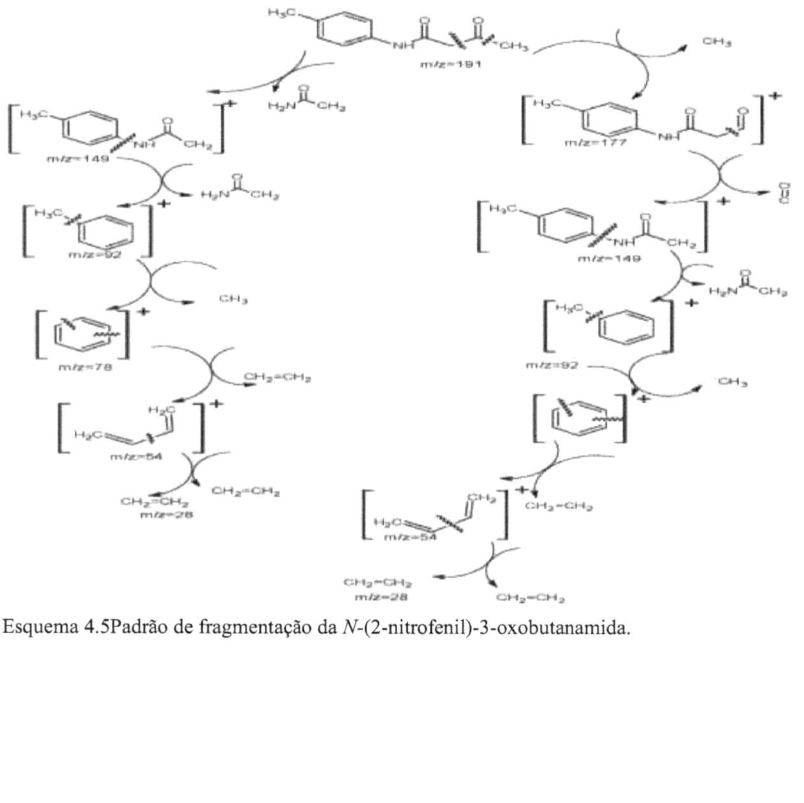

Esquema 4.5Padrão de fragmentação da *N*-(2-nitrofenil)-3-oxobutanamida.

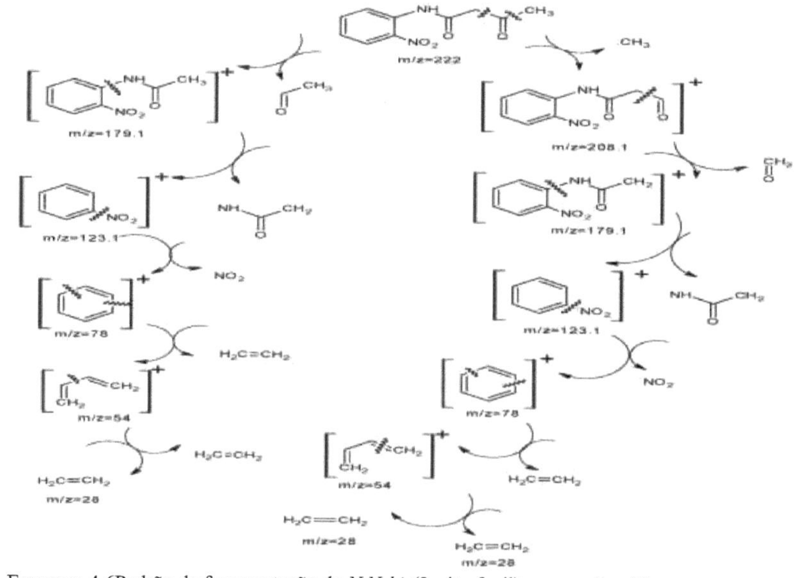

Esquema 4.6Padrão de fragmentação da *N,N-bis*(2-nitrofenil)propanodiamida.

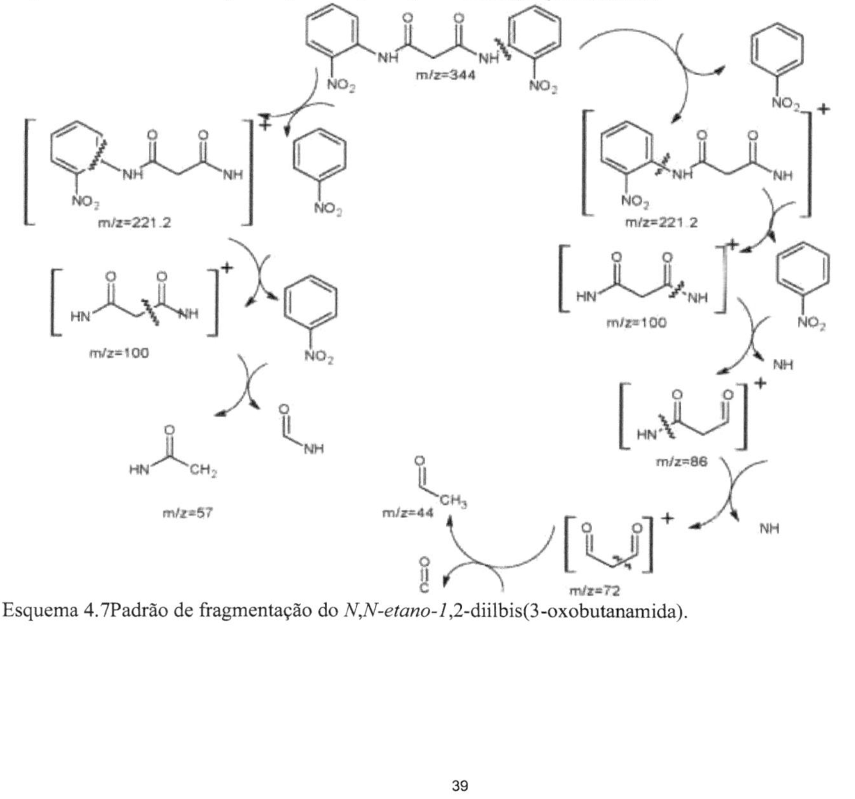

Esquema 4.7Padrão de fragmentação do *N,N-etano-1*,2-diilbis(3-oxobutanamida).

CAPÍTULO 5

QUADROS E FIGURAS

Quadro 1 Propriedades físicas das amidas (ligandos)

Ligandos	Cor	% Rendimento	M.P. °C	Solubilidade						
				H2O	CHCl3	CCl4	Benzeno	n- hexano	Acetona	Acetato de etilo
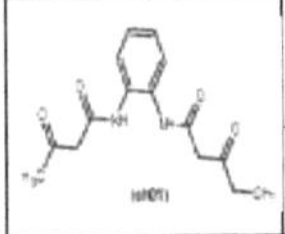	Amarelo	55	175-177	I.S	S	S	S	S	S	S
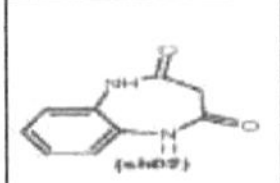	Amarelo	55	110-112	I.S	S	S	S	S	S	S
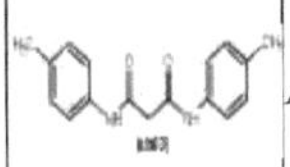	Amarelo	71	256-258	I.S	S	S	S	S	S	S
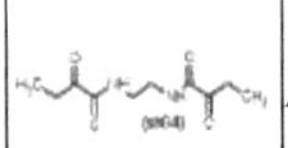	Amarelo	55	114-117	I.S	S	S	S	I.S	I.S	S
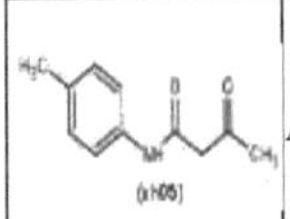	Amarelo	43	85-87	I.S	S	S	S	S	S	S
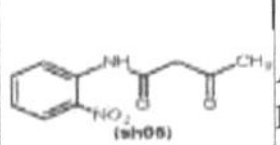	Amarelo pálido	59	77-79	I.S	S	S	S	S	S	S
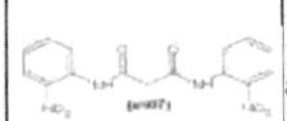	amarelo	47	129-131	S	I.S	S	S	I.S	S	I.S

S = Solúvel, I.S = Insolúvel.

Tabela 2 Valores Rf das amidas sintetizadas

Amidas	Sistema de solventes	Rácio	Rf

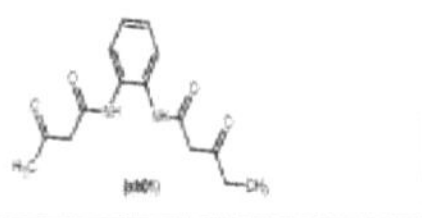

	CHCl3/H2O	1:1	0.56
(sh01)	CHCl3/H2O	1:1	0.56
(sh02)	CHCl3/H2O	2:8	0.72
(sh03)	CHCl3/H2O	3:7	0.73
(sh04)	CHCl3/H2O	3:7	0.52
(sh05)	CHCl3/H2O	3:7	0.66
(sh06)	CHCl3/H2O	3:7	0.71
(sh07)	CHCl3/H2O	3:7	0.73

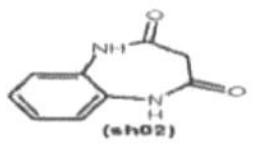

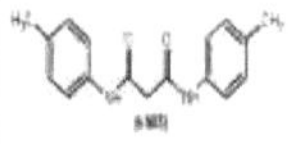

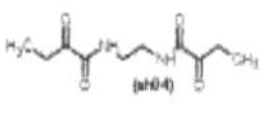

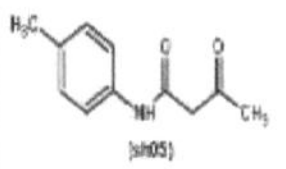

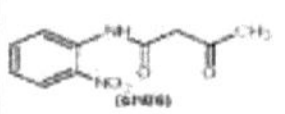

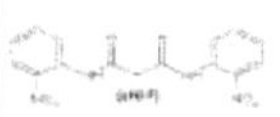

Tabela 3 Propriedades físicas dos complexos de Cu(II) de amidas (ligandos)

Compostos	Cor	% Rendimento	M.P.°C	Solubilidade					
				H2O	ClICl3	CCl4	Benzeno	n- hexano	Acetato de etilo
CuSH01	Preto	75	>245	I.S	I.S	I.S	I.S	I.S	S
CuSH02	Verde escuro	75	>265	P.S	ΔS	I.S	I.S	I.S	I.S
CuSH03	Preto	73	>300	I.S	ΔS	I.S	P.S	I.S	I.S
CuSH04	Verde	71	258-260	I.S	I.S	I.S	Δ,S	I.S	I.S

CuSH05	Verde	69	289-292	I.S	I.S	ΔS	S	I.S	I.S
CuSH06	Verde	65	281-283	I.S	I.S	I.S	I.S	I.S	ΔS
CuSH07	Verde	80	218-220	I.S	I.S	I.S	I.S	I.S	S

S = Solúvel, I.S = Insolúvel, ΔS = Solúvel por aquecimento, P.S = Parcialmente solúvel.

* A estrutura química dos ligandos é apresentada na Tabela 1.

Tabela 4 Propriedades físicas dos complexos de Mn(II) de amidas (ligandos)*

Compostos	Cor	% de rendimento	M.P.oC	Solubilidade					
				H_2O	$CHCl_3$	CCl4	Benzeno	n- hexano	Acetato de etilo
MnSH01	Preto	59	>295	I.S	I.S	I.S	I.S	I.S	ΔS
MSH02	Preto	71	>300	I.S	I.S	P.S	I.S	I.S	I.S
MnSH03	Castanho	73	>300	I.S	I.S	I.S	ΔS	I.S	I.S
MnSH04	Castanho	71	287-289	I.S	I.S	I.S	ΔS	I.S	I.S
MnSH05	Verde escuro	65	271-273	I.S	I.S	S	I.S	I.S	I.S
MnSH06	Preto escuro	67	>300	I.S	I.S	I.S	ΔS	I.S	P.S
MnSH07	Castanho	57	123-125	I.S	I.S	I.S	I.S	I.S	S

S=Solúvel, I.S = Insolúvel, ΔS = Solúvel por aquecimento.

Tabela 5 Propriedades físicas dos complexos de Co(II) com amidas (ligandos)*

Compostos	Cor	% Rendimento	M.P.oC	Solubilidade					
				H2O	CHCl3	CCl4	Benzeno	n- hexano	Acetato de etilo
CoSH01	Castanho	73	>300	I.S	I.S	I.S	I.S	ΔS	I.S
CoSH02	Preto	72	239-242	I.S	I.S	I.S	P.S	S	I.S
CoSH03	Preto	70	>300	I.S	I.S	I.S	I.S	S	I.S
CoSH04	Castanho	72	276-278	I.S	I.S	I.S	I.S	ΔS	P.S
CoSH05	Preto	82	265-266	I.S	I.S	I.S	I.S	I.S	S
CoSH06	Preto	77	>300	I.S	I.S	I.S	I.S	I.S	ΔS
CoSH07	Verde	79	256-258	I.S	I.S	I.S	I.S	I.S	S

A estrutura química dos ligandos é apresentada na Tabela 1. S = Solúvel, I.S = Insolúvel, ΔS = Solúvel por aquecimento.

Tabela 6 Propriedades físicas dos complexos de Ni(II) com amidas (ligandos)*

Compostos	Cor	% Rendimento	M.P.ºC	Solubilidade					
				H2O	CHCl3	CCl4	benzeno	n- hexano	Acetato de etilo
NiSH01	Verde	71	277-280	I.S	I.S	I.S	I.S	S	I.S
NiSH02	Verde-escuro	67	>300	I.S	I.S	I.S	S	I.S	I.S
NiSH03	Castanho	65	>300	I.S	I.S	I.S	I.S	S	I.S
NiSH04	Preto	58	236-238	I.S	I.S	I.S	I.S	ΔS	S
NiSH05	Verde	88	274-276	I.S	I.S	ΔS	I.S	I.S	I.S

Compostos	Cor	% Rendimento	M.P.oC	H₂O	CHCl₃	CCl4	benzeno	n- hexano	Acetato de etilo
NiSH06	Verde-escuro	73	284-286	I.S	I.S	I.S	I.S	I.S	S
NiSH07	Preto	67	156-158	I.S	I.S	I.S	I.S	I.S	S

* A estrutura química dos ligandos é apresentada na Tabela 1.

S = Solúvel, I.S = Insolúvel, ΔS = Solúvel por aquecimento.

Tabela 7 Propriedades físicas dos complexos de Cr(II) com amidas (ligandos)*

Compostos	Cor	% Rendimento	M.P.oC	Solubilidade					
				H₂O	CHCl₃	CCl4	benzeno	n- hexano	Acetato de etilo
CrSH01	Castanho claro	74	265-267	I.S	I.S	I.S	ΔS	I.S	I.S
CrSH02	Amarelo claro	71	>300	I.S	I.S	I.S	I.S	ΔS	I.S
CrSH03	Preto	48	>300	I.S	I.S	I.S	I.S	S	I.S
CrSH04	Preto	78	295-298	I.S	I.S	I.S	I.S	ΔS	ΔS
CrSH05	Verde	68	294-296	I.S	I.S	I.S	I.S	I.S	ΔS
CrSH06	Branco	73	>300	I.S	I.S	ΔS	I.S	I.S	P.S
CrSH07	Verde	59	>300	I.S	I.S	I.S	I.S	I.S	S

* A estrutura química dos ligandos é apresentada na Tabela 1. S = Solúvel, I.S = Insolúvel, ΔS = Solúvel por aquecimento

Tabela 8   Propriedades físicas dos complexos de Zn(II) de amidas (ligandos)

Compostos	Cor	% Rendimento	M.P.oC	Solubilidade					
				H₂O	CHCl₃	CCl4	Benzeno	n- hexano	Acetato de etilo
ZnSG01	Preto	69	>295	I.S	I.S	I.S	I.S	I.S	S

Compostos	Cor	% Rendimento	M.P.oC	H₂O	CHCl₃	CCl4	Benzeno	n- hexano	Acetato de etilo
ZnSH02	Verde escuro	55	>275	P.S	ΔS	I.S	I.S	I.S	I.S
ZnSH03	Preto	56	>300	I.S	ΔS	I.S	P.S	I.S	I.S
ZnSH04	Verde	67	288-290	I.S	I.S	I.S	ΔS	I.S	I.S
ZnSH05	Verde	77	289-292	I.S	I.S	ΔS	S	I.S	I.S
ZnSH06	Verde	60	291-293	I.S	I.S	I.S	I.S	I.S	ΔS
ZnSH07	Preto	65	176-179	I.S	I.S	I.S	I.S	I.S	S

S = Solúvel, I.S = Insolúvel, ΔS = Solúvel por aquecimento, P.S = Parcialmente solúvel.

  * A estrutura química dos ligandos é apresentada na Tabela 1.

Tabela 9 Propriedades físicas dos complexos de Bi(II) de amidas (ligandos) *

Compostos	Cor	% Rendimento	M.P.oC	Solubilidade					
				H₂O	CHCl₃	CCl4	Benzeno	n- hexano	Acetato de etilo
BiSH01	Preto	65	>295	I.S	I.S	I.S	I.S	I.S	S
BiSH02	Verde escuro	68	>265	P.S	ΔS	I.S	I.S	I.S	I.S
BiSH03	Preto	70	>300	I.S	ΔS	I.S	P.S	I.S	I.S
BiSH04	Verde	78	293-296	I.S	I.S	I.S	Δ,S	I.S	I.S
BiSH05	Verde	62	289-292	I.S	I.S	ΔS	S	I.S	I.S

BiSH06	Verde	68	241-243	I.S	I.S	I.S	I.S	I.S	ΔS
BiSH07	Verde	66	179-182	I.S	I.S	I.S	I.S	I.S	S

S = Solúvel, I.S = Insolúvel, ΔS = Solúvel por aquecimento, P.S = Parcialmente solúvel.

Tabela 10 Estudo espetroscópico de infravermelhos do benjoim e dos seus derivados (ligandos)

Derivados de amidas (ligandos)	Aromático C- H/ C-H (-CH2) cm^{-1}	-CH$_3$ cm^{-1}	Aromático C=C cm^{-1}	-NH cm^{-1}
	3231	3192	1515	3268
	3168	2943	1630	3339
	3476	2931	1560	3359
	----	2939	1568	3343
	3173	2972	1567	3352
	3152	2983	1568	3347
	3179	2945	1568	3345

Quadro 11 Análise do espetro de massa da *3-oxo-N*-[(3oxobutanoil)amino]fenil}pentanamida.

Iões de fragmento	valores m/z
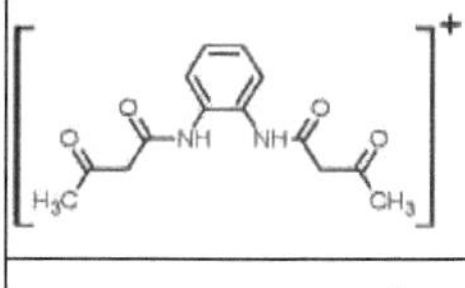 (estrutura)	276
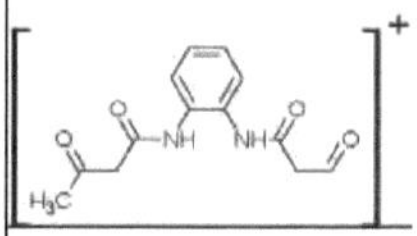 (estrutura)	262.2
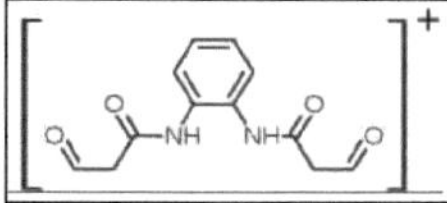 (estrutura)	248.2
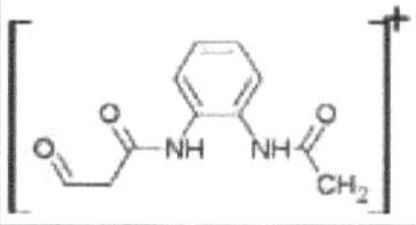 (estrutura)	219.2
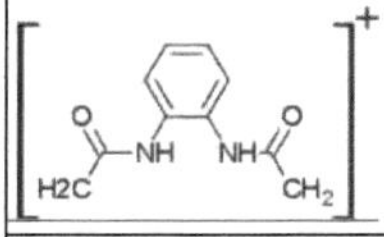 (estrutura)	191.1
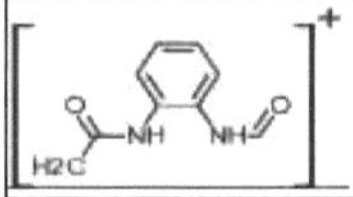 (estrutura)	177.1
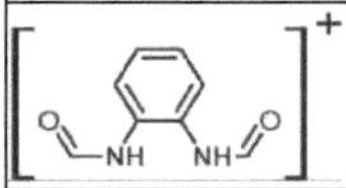 (estrutura)	164.1
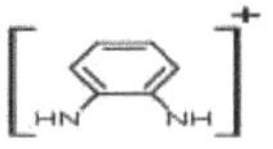 (estrutura)	106.1
 (estrutura)	76

Quadro 12 Análise do espetro de massa da *1H-1*,5-benzodiazepina-2,4(*3H,5H*)-diona.

Iões de fragmento	valores m/z
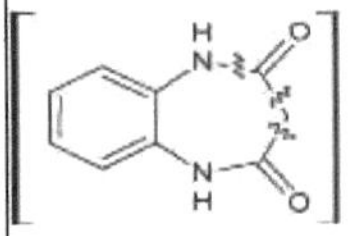 (estrutura)	176

Iões de fragmento	valores m/z
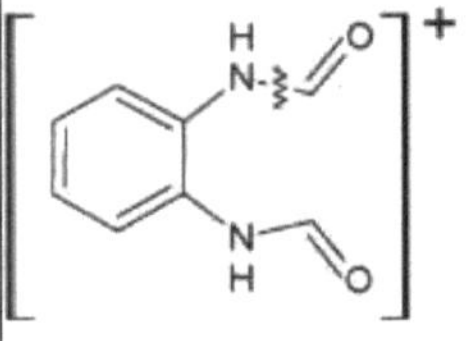	164
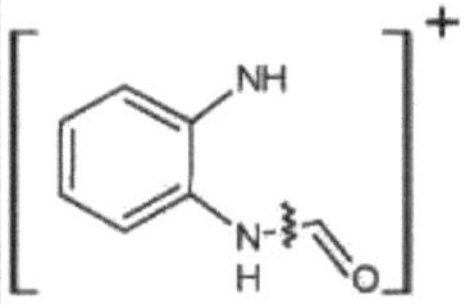	136.1
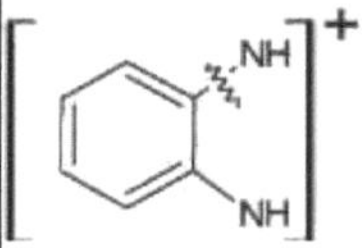	106
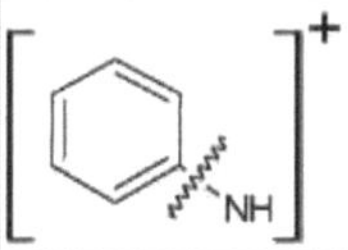	92
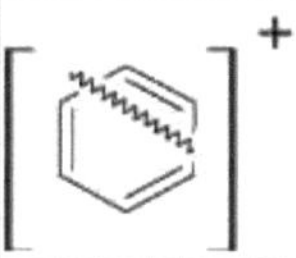	78
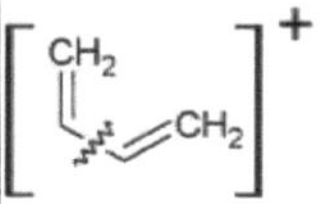	54
$H_2C=CH_2$	28

Quadro 13 Análise do espetro de massa da *N,N'*-bis(metilfenil)propanodiamida.

Iões de fragmento	valores m/z
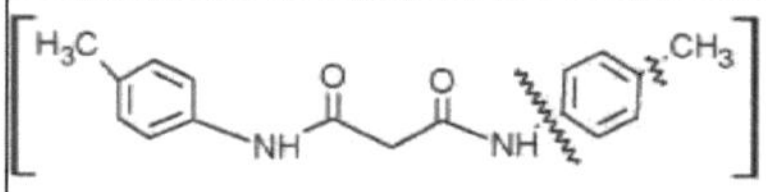	282
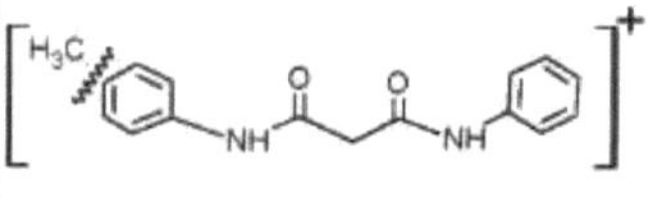	268.3

	valores m/z
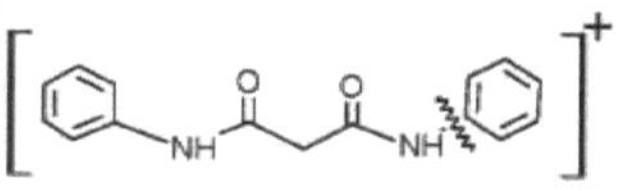	254.2
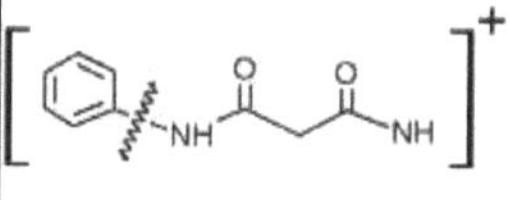	177
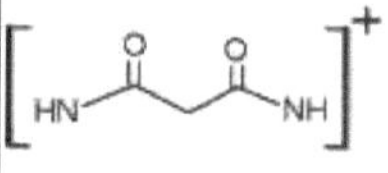	100
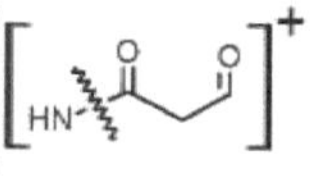	86
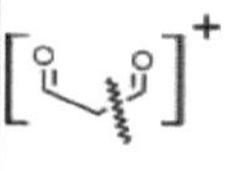	72
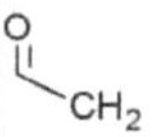	43

Quadro 14 Análise do espetro de massa do *N,N'*-etano-1,2-diilbis(3-oxobutanamida).

Iões de fragmento	valores m/z
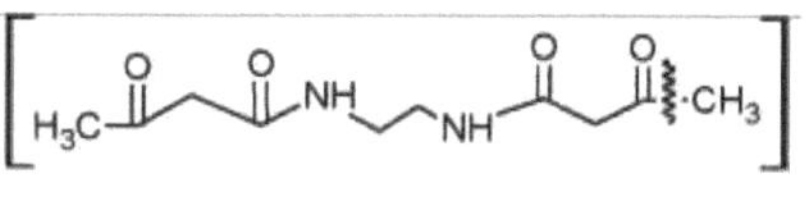	228
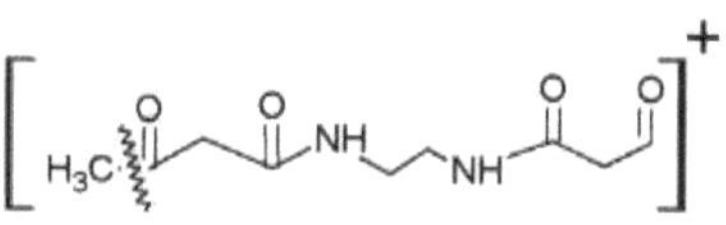	214.2
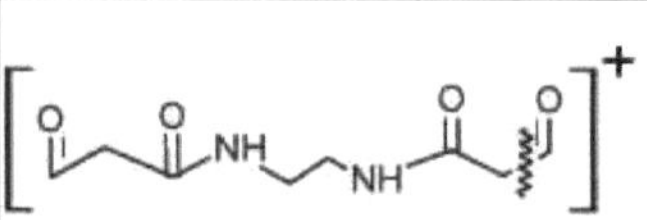	200.1

Ião de fragmento	m/z
[O=C–CH₂–C(=O)–NH–CH₂–CH₂–NH–C(=O)–CH₂]⁺	171.1
[H₂C–C(=O)–NH–CH₂–CH₂–NH–C(=O)–CH₂]⁺	142.1
[H₂C–C(=O)–NH–CH₂–CH₂–NH–CHO]⁺	129.1
[OHC–NH–CH₂–CH₂–NH–CHO]⁺	116.1
[O=C–NH–CH₂–CH₂–NH]⁺	87.1

Quadro 15 Análise do espetro de massa da *N*-(4-metilfenil)-3-oxobutanamida

Iões de fragmento	valores m/z
[H₃C–C₆H₄–NH–C(=O)–CH₂–C(=O)–CH₃]⁺	191
[H₃C–C₆H₄–NH–C(=O)–CH₂–CHO]⁺	177
[H₃C–C₆H₄–NH–C(=O)–CH₂]⁺	149
[H₃C–C₆H₄]⁺	92
[H₂C=C–CH=CH₂]⁺	54

Iões de fragmento	valores m/z
CH2=CH2	28

Quadro 16 Análise do espetro de massa da *N*-(2-nitrofenil)-3-oxobutanamida

Iões de fragmento	valores m/z
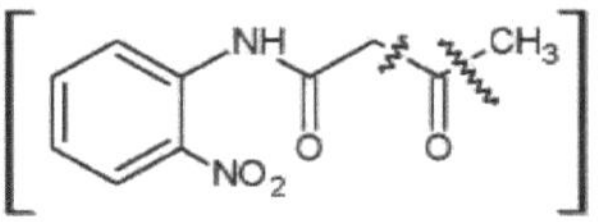	222
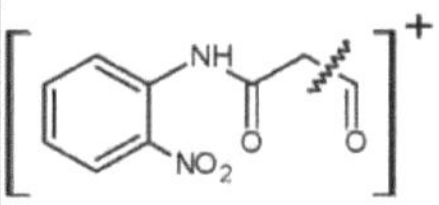	208
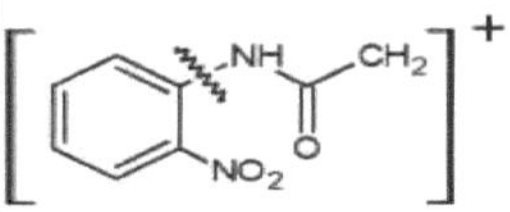	180
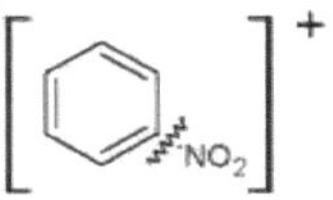	123
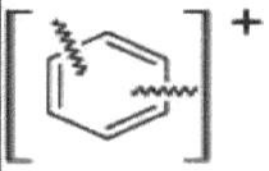	78
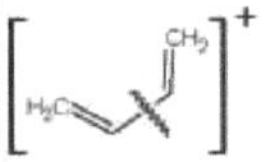	54
CH2=CH2	28

Quadro 17   Análise do espetro de massa do *N,N'*-etano-1,2-diilbis(3-oxobutanamida).

Iões de fragmento	valores m/z
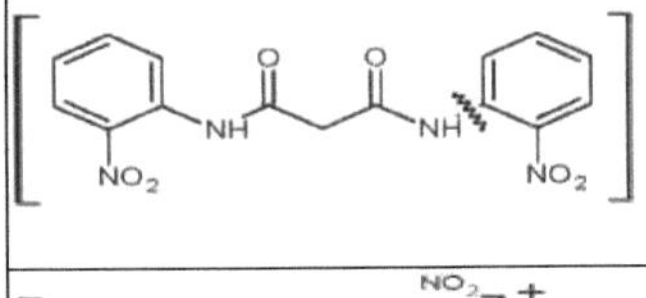	344
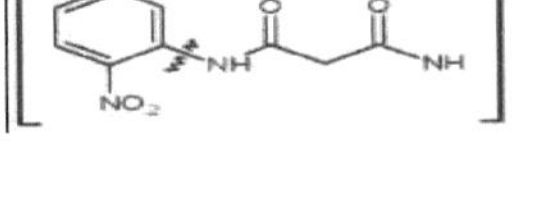	221.2

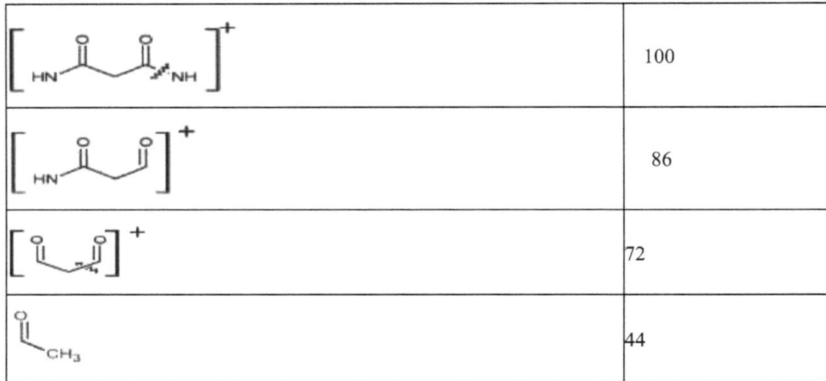

	100
	86
	72
	44

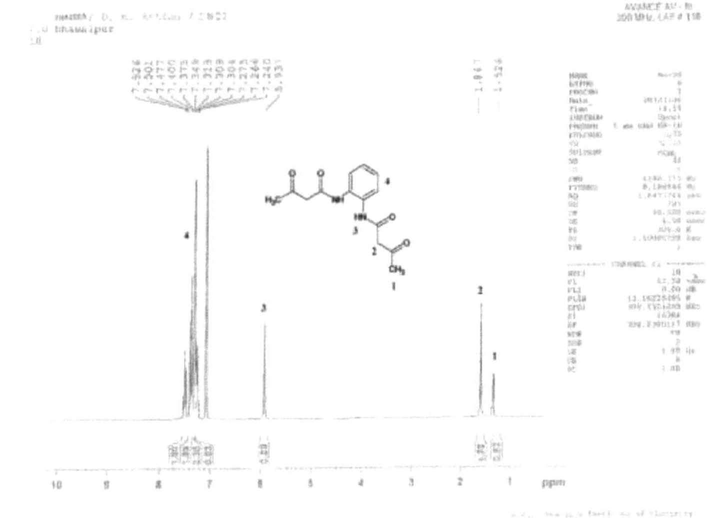

Fig. 1 Espectro de RMN ^{1}H da *3-oxo-N-{2-[(3-oxobutanoil)amino]fenil}pentanamida*

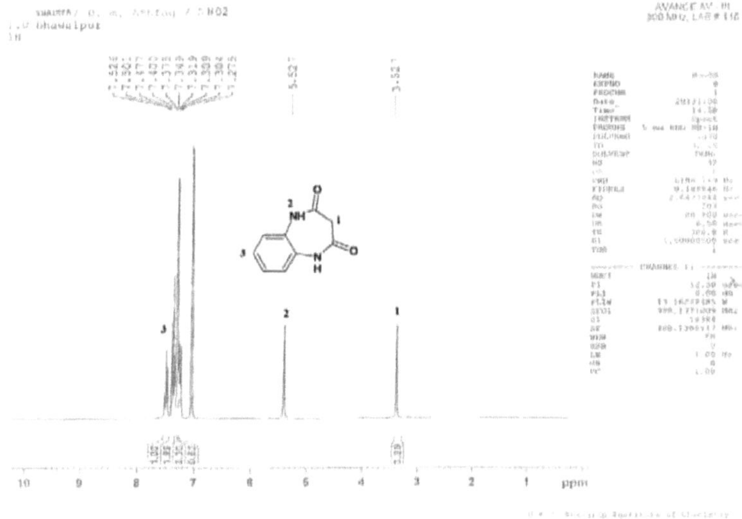

Fig. 2 Espectro de RMN ^{1}H da *1H-1,5-benzodiazepina-2,4(3H,5H)*-diona.

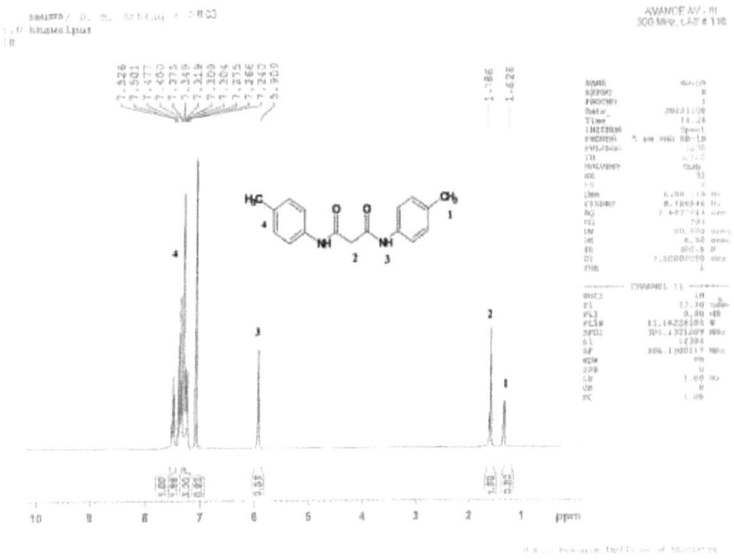

Fig. 3 Espectro de RMN ^{1}H da *N,N'*-bis(4-metilfenil)propanodiamida

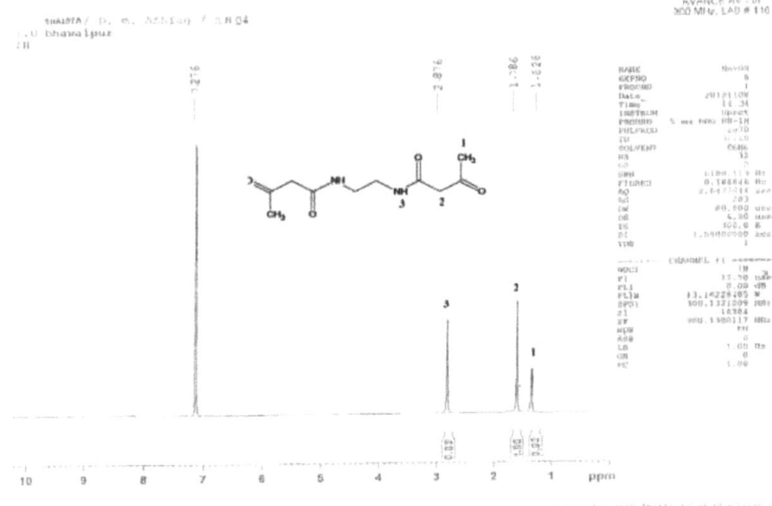

Fig. 4 Espectro de RMN ^{1}H da *N*-(4-metilfenil)-3-oxobutanamida

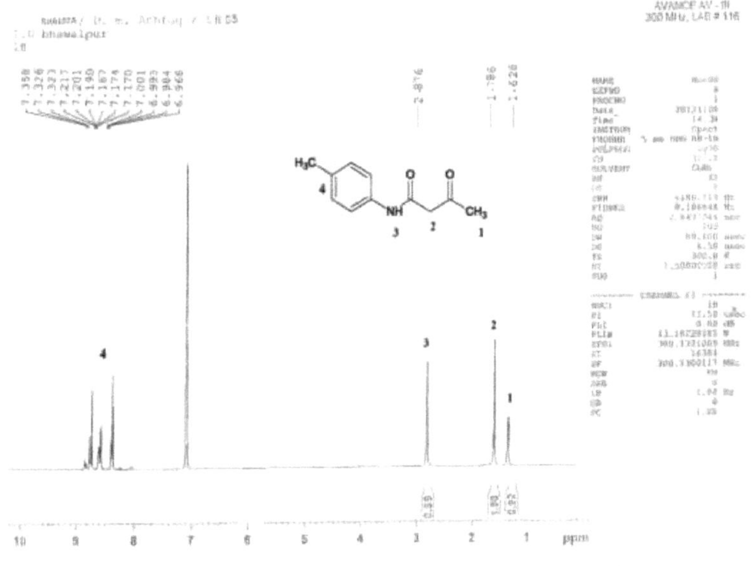

Fig. 5 Espectro de RMN ^{1}H da *N*-(2-nitrofenil)-3-oxobutanamida.

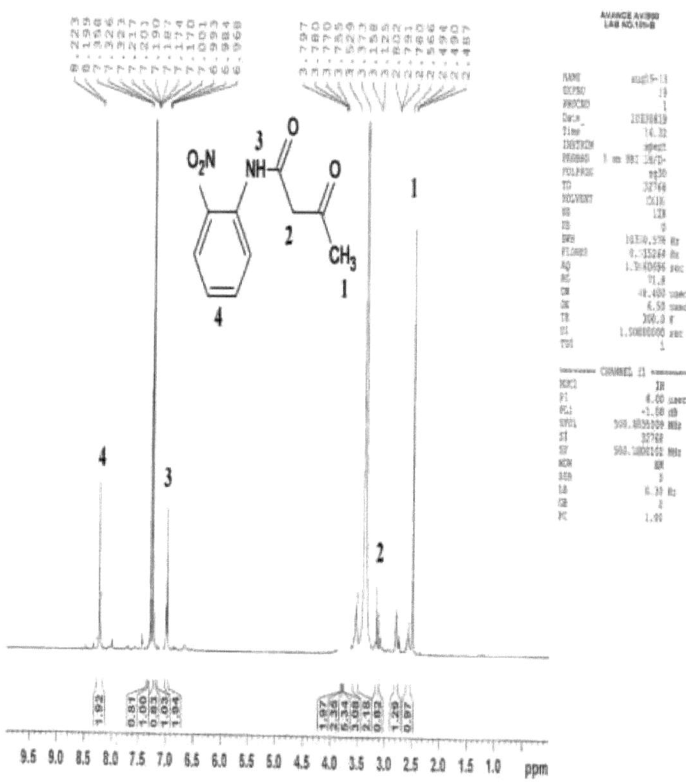

Fig. 6 Espectro de RMN ^{1}H da *N,N-bis*(2-nitrofenil)propanodiamida.

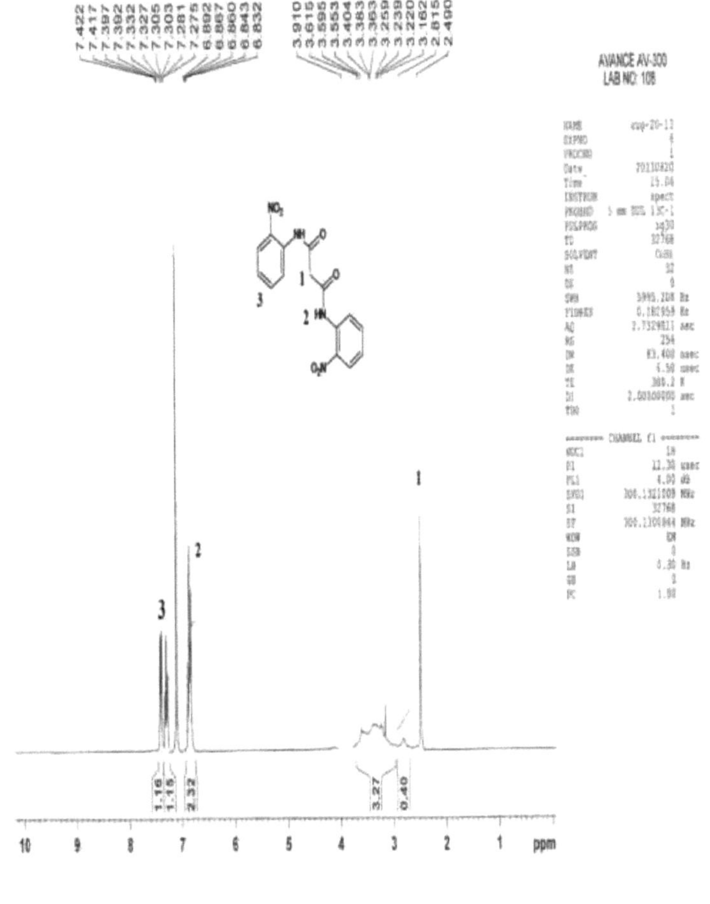

Fig. 7 Espectro de RMN ^{1}H *do* N,*N-etano-1*,2-diilbis(3-oxobutanamida)

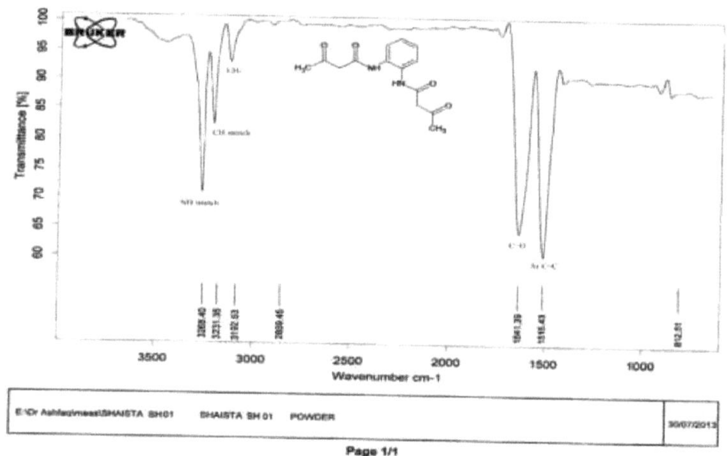

Fig. 8 Espectro de FTIR da *3-oxo-N-{2-*[(3-oxobutanoil)amino]fenil}pentanamida.

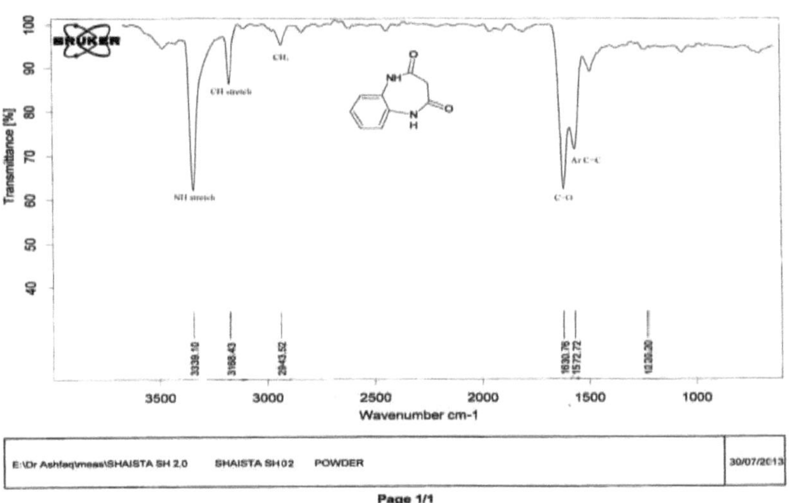

Fig. 9 Espectro de FTIR da *1H-1*,5-benzodiazepina-2,4(*3H,5H*)-diona.

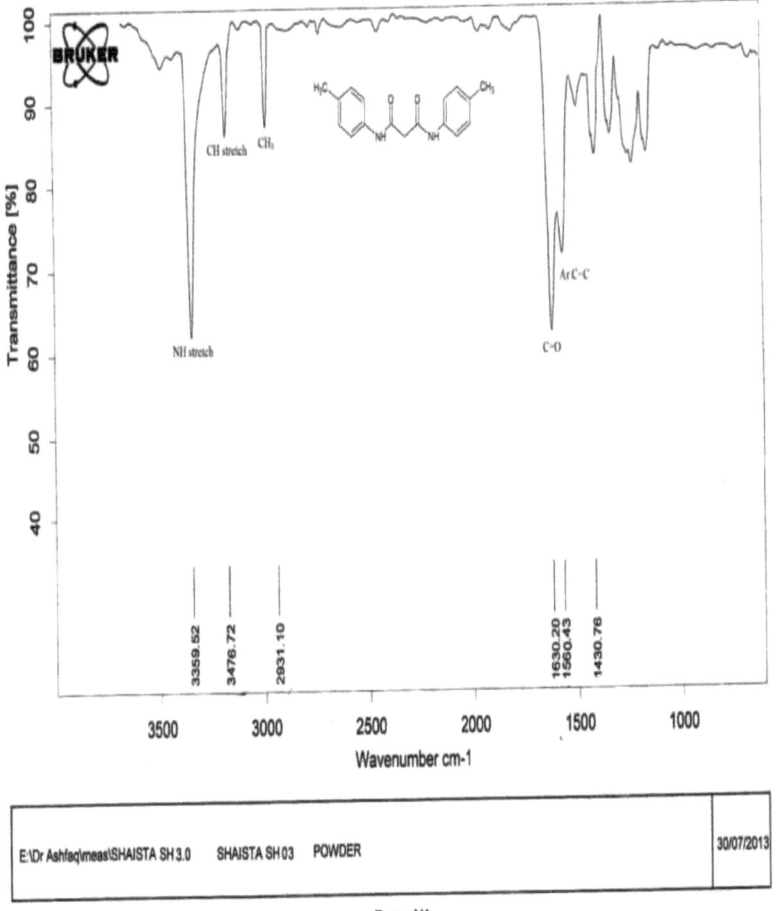

Fig. 10 Espectro de FTIR da *N,N-bis*(4-metilfenil)propanodiamida

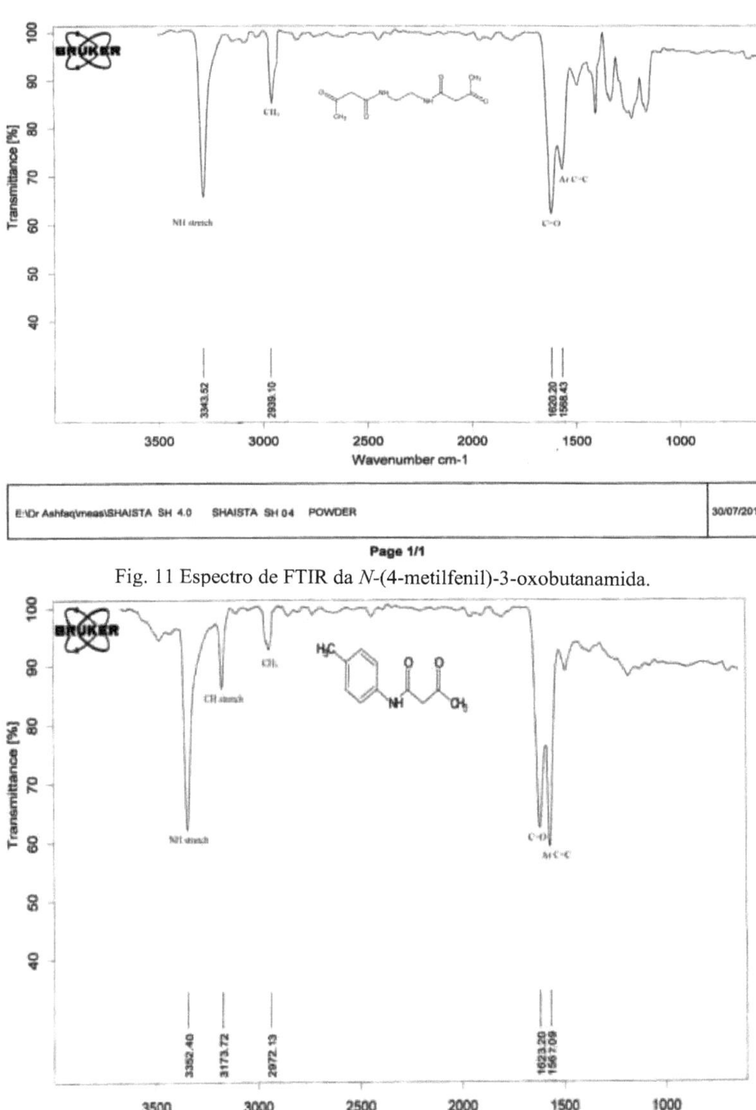

Fig. 11 Espectro de FTIR da *N*-(4-metilfenil)-3-oxobutanamida.

Fig. 12 Espectro FTIR da *N*-(2-nitrofenil)-3-oxobutanamida.

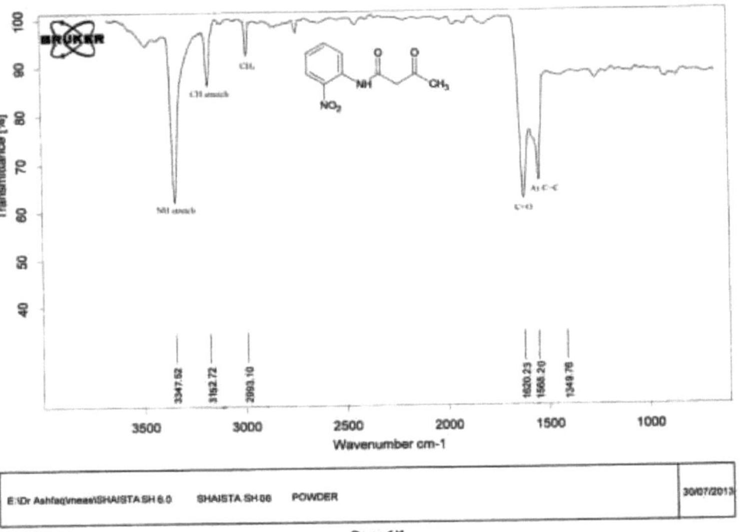

Fig. 13 Espectro FTIR da *N-bis*(2-nitrofenil)propanodiamida.

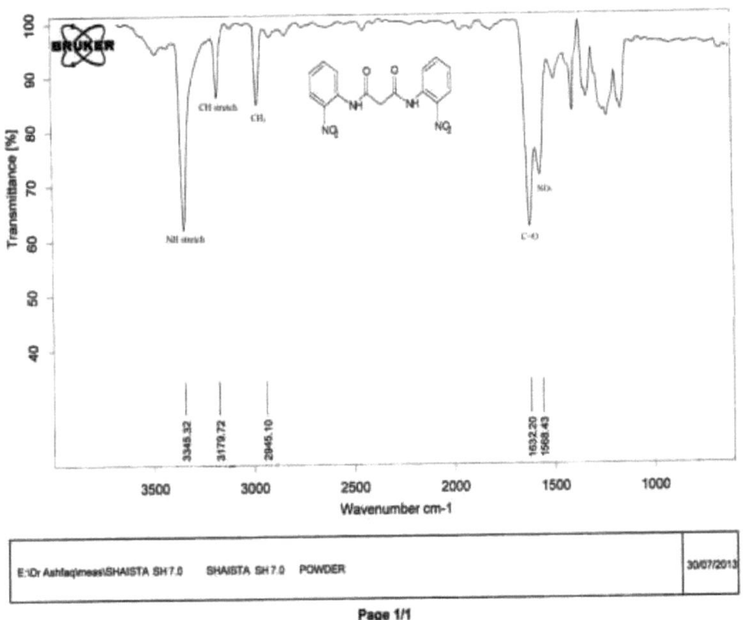

Fig. 14 Espectro FTIR do *N,N-etano-1*,2-diilbis(3-oxobutanamida.

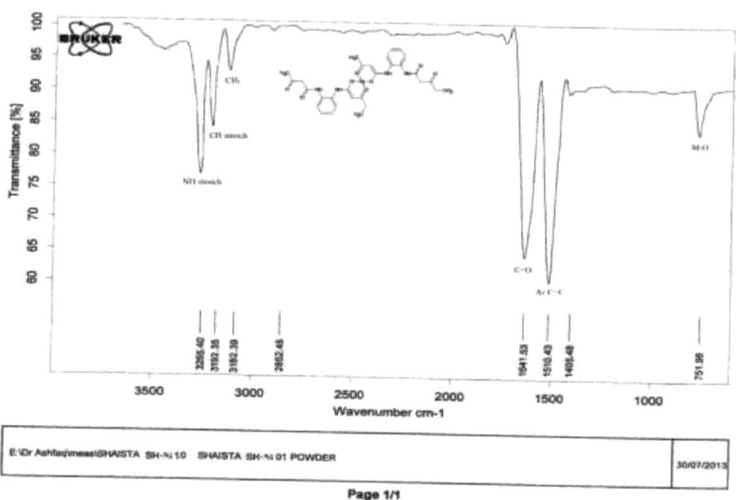

Fig. 15 Espectro FTIR do complexo *N,N-dibutilbenzeno-1*,2-diamina Ni (II).

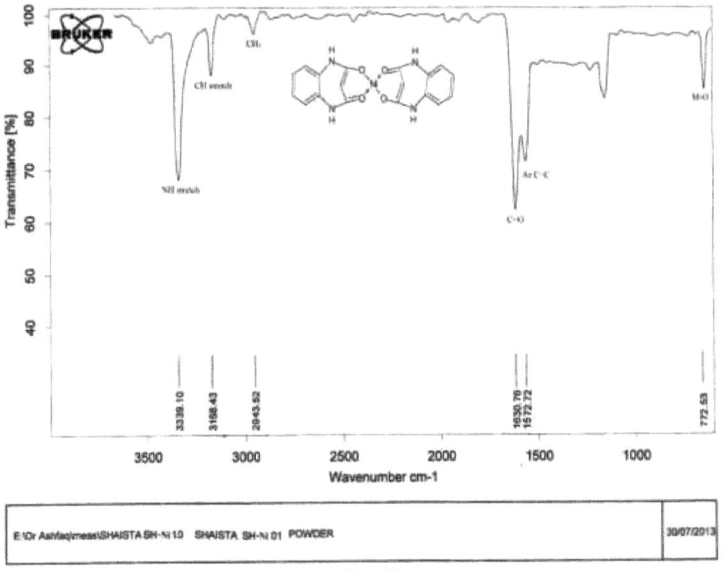

Fig. 16 Espectro FTIR do complexo *1H-1*,5-benzodiazepina-2,4(*3H,5H*)-diona Zn(II).

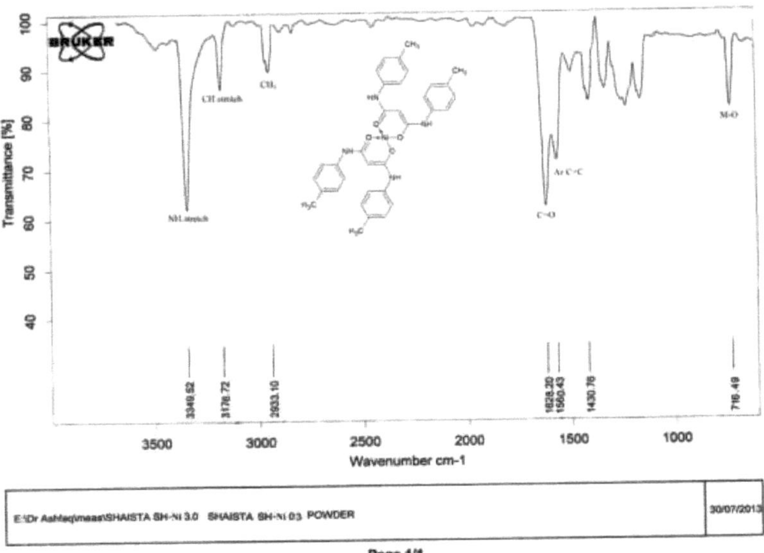

Fig. 17 Espectro de FTIR do complexo *N,N-bis*(4-metilfenil)propanodiamida Mn(II).

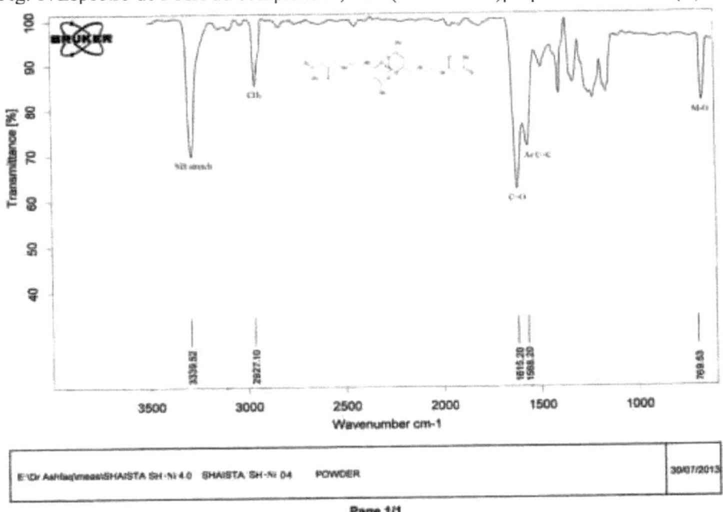

Fig. 18   Espectro FTIR do complexo *N,N-bis*(2-nitrofenil)propanodiamida Ni(II).

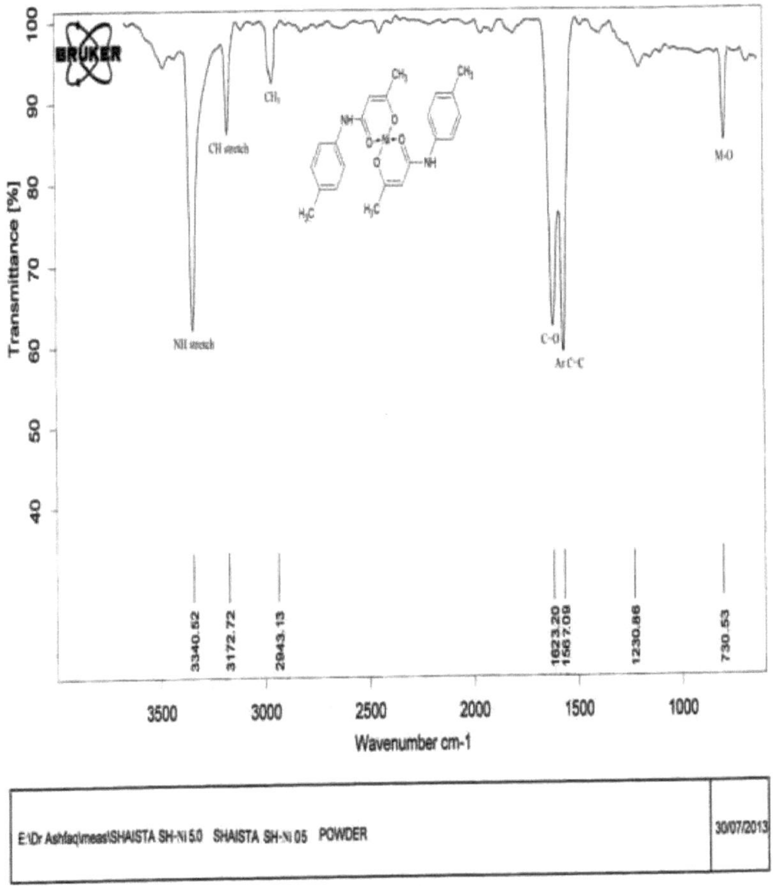

Fig. 19 Espectro FTIR do complexo *N*-(4-metilfenil)-3-oxobutanamidaNi(II).

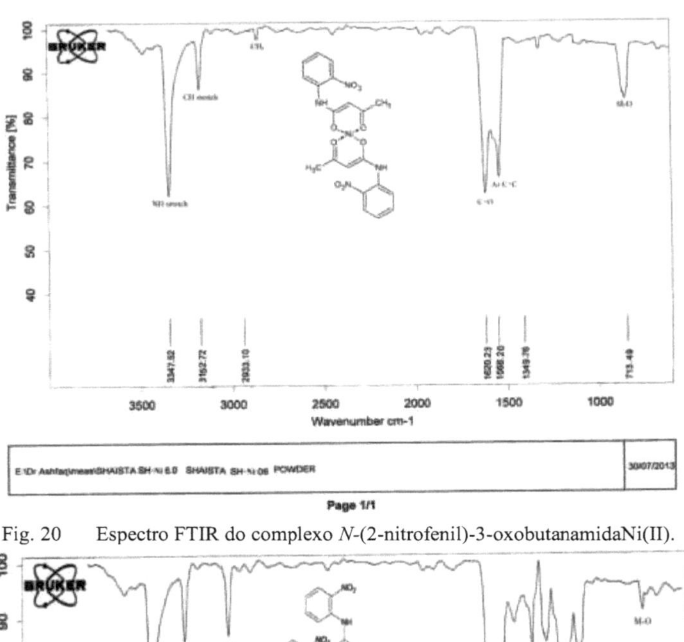

Fig. 20   Espectro FTIR do complexo *N*-(2-nitrofenil)-3-oxobutanamidaNi(II).

Fig. 21 Espectro FTIR do complexo *N,N-bis*(2-nitrofenil)propanodiamida Ni(II).

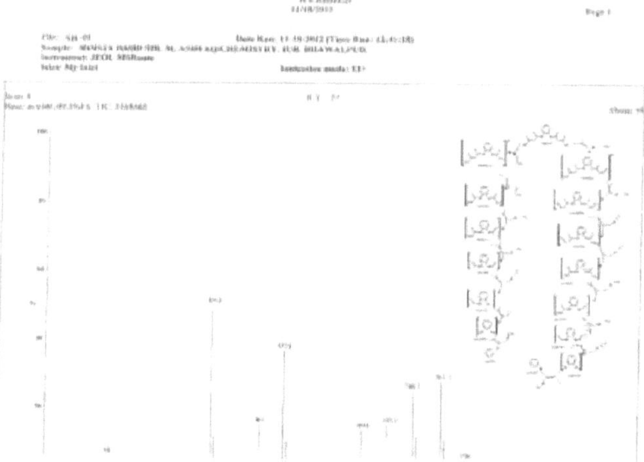

Fig. 22 Espectro de massa da *3-oxo-N-{2-*[(3-oxobutanoil)amino]fenil}pentanamida.

Fig. 23 Espectro de massa da *1H-1*,5-benzodiazepina-2,4(*3H,5H*)-diona.

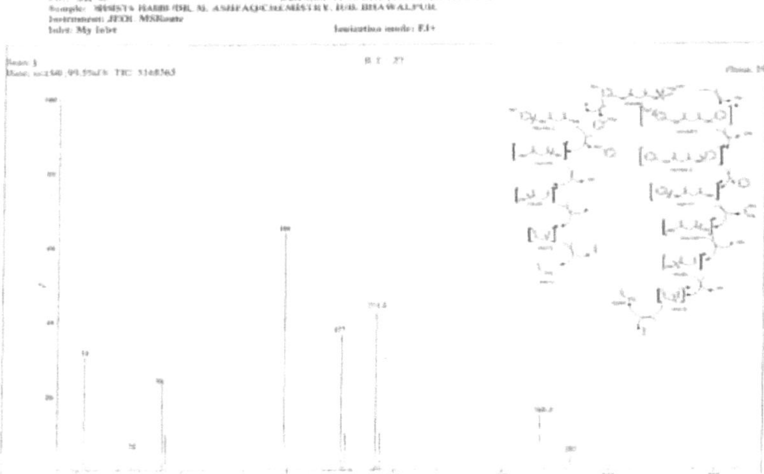

Fig 24 Espectro de massa da *N,N-bis*(4-metilfenil)propanodiamida.

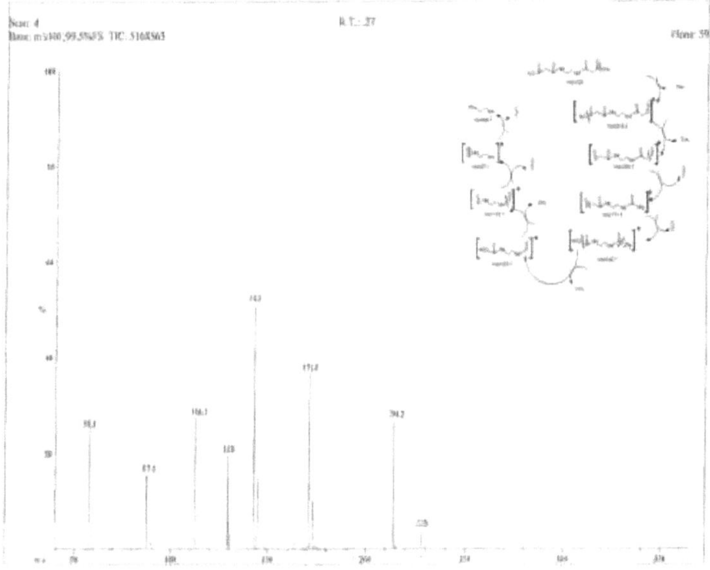

Fig 25 Espectro de massa da *N*-(4-metilfenil)-3-oxobutanamida.

File: SH-05   Date Run: 11-10-2012 (Time Run: 12:18:18)
Sample: SHMSTA HABRI/DR. M. ASHFAQ/CHEMISTRY, IUB, BHAWALPUR
Instrument: JEOL MSRoute
Inlet: My Inlet   Ionization mode: EI+

Scan: 5   R.T.: .27
Base: m/z 140 ,99.5%FS TIC: 5168563   Bone: 59

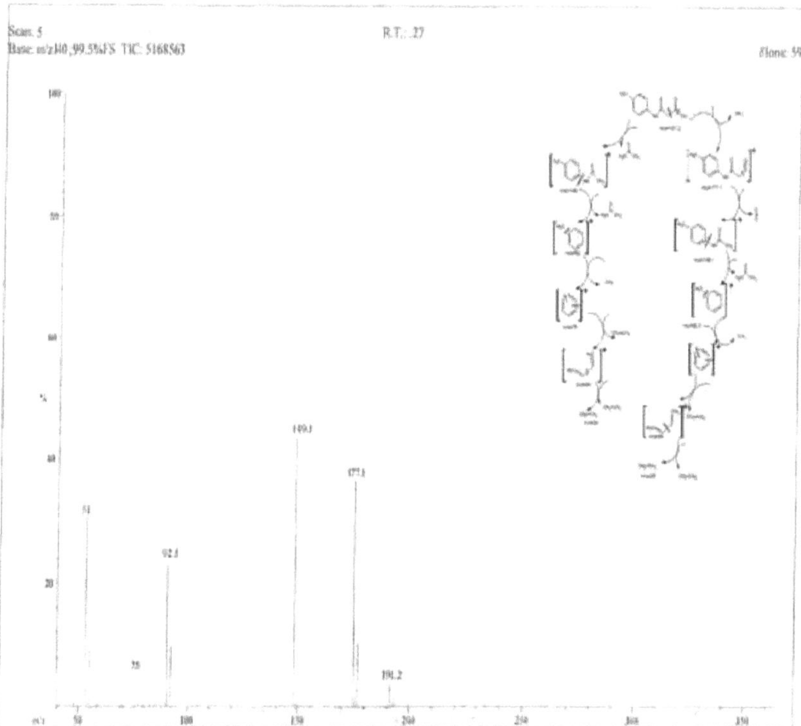

Fig 26 Espectro de massa da *N*-(2-nitrofenil)-3-oxobutanamida.

File: SH-06   Date Run: 11-10-2012 (Time Run: 12:10:18)
Sample: SHAISTA HABIB/DR. M. ASHFAQ/CHEMISTRY, IUB, BHAWALPUR.
Instrument: JEOL MSRoute
Inlet: My Inlet   Ionization mode: EI+

Scan: 6   R.T. 27
Base: m/z140 ;90.5%/5 TIC. 5168563   #Ions: 59

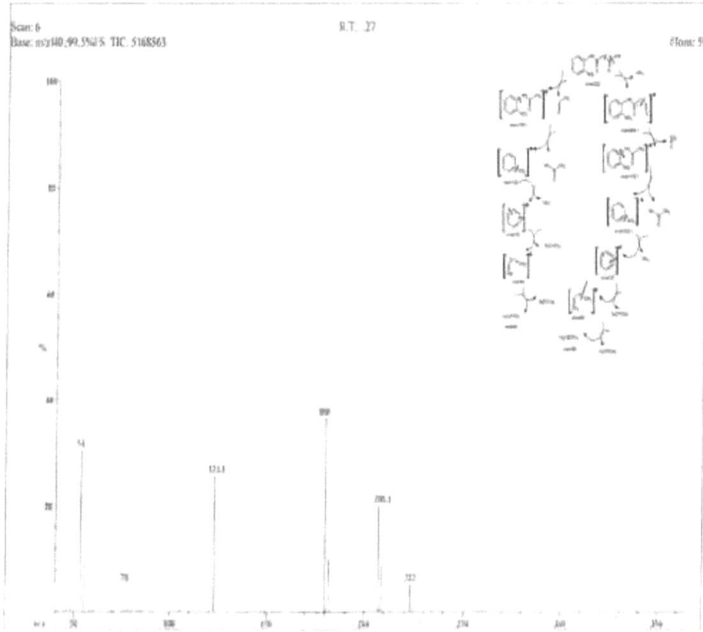

Fig 27 Espectro de massa da *N,N-bis*(2-nitrofenil)propanodiamida.

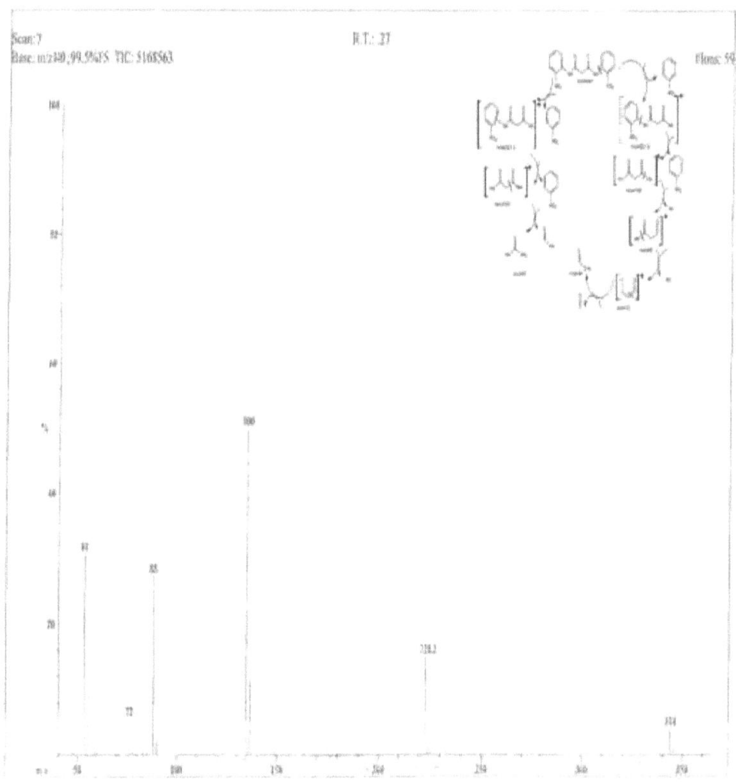

Fig 28 Espectro de massa do *N,N-etano-1,2-diilbis(3-oxobutanamida)*.

Bioatividade

N.º Sr.	Compostos	Zona de inibição (mm)
1	SH01	3
2	SH02	4
3	SH03	-

4	SH04	5
5	SH05	3
6	SH06	1
7	SH07	-
8	Padrão (Fluconozole)	10

N.º Sr.	Compostos	Zona de inibição (mm)
1	SH01	4
2	SH02	5
3	SH03	1
4	SH04	6
5	SH05	-
6	SH06	-
7	SH07	-
8	Padrão (Fluconozole)	10

N.º Sr.	Compostos	Zona de inibição (mm)
1	SH01	5

2	SH02	1
3	SH03	5
4	SH04	-
5	SH05	6
6	SH06	-
7	SH07	-
8	Padrão (Fluconozole)	10

CONCLUSÃO

A partir de experiências e observações, conclui-se que as amidas podem ser sintetizadas por um método mais fácil, utilizando ésteres e aminas a 70°C. Derivados de amida 3-oxo-N-2-{ [(3-oxobutanoil)amino]fenil} pentanamida , *1H-1*,5-benzodiazepina-2,4(*3H,5H*)-diona , *N,N'*-bis(4-metilfenil)propanodiamida, *N*-(4-metilfenil)-3-oxobutanamida, *N*-(2- nitrofenil)-3-oxobutanamida, *N,N'*-bis(2-nitrofenil)propanodiamida,*N,N'*-etano-1,2-diilbis(3-oxobutanamida) foram utilizados para sintetizar os complexos de metais de transição utilizandoCu^{2+}, Co^{2+}, Cr^{2+}, Zn^{2+}, Mn^{2+}, Ni^{2+}, Bi^{2+}. A percentagem de rendimento dos ligandos foi de 55% (SH01), 55% (SH02), 71% (SH03), 55% (SH04), 43% (SH05) , 59% (SH06) e (SH07) 47%, como se pode ver na Tabela 1. Os ligandos sintetizados e os seus complexos metálicos foram purificados por TLC. Foram utilizadas técnicas de FTIR, ^{1}HNMR, ^{13}CNMR e espetroscopia de massa para confirmar a síntese das amidas e dos seus complexos metálicos. O estudo FTIR do ligando foi claramente confirmado pelo desaparecimento do pico doublet de NH2 e pelo aparecimento do pico singleto de NH na gama de 3400-3250cm^{-1}, enquanto que o aparecimento do pico de C=O na gama de 1760-1650 cm^{-1}. Os complexos de metais de transição foram confirmados pela diminuição da frequência do carbonilo devido à ligação do metal ao carbonilo. O estudo espetral $^{de\,(1)}$HNMR confirmou a síntese pelo pico singleto da amida na gama de 1-6 ppm. O estudo espetral de massa também confirmou os ligandos sintetizados de acordo com os cálculos teóricos.

REFERÊNCIAS

Y.Z. Zhang, X. Sun, D. J. Zeckner, R. K. Sachs, W. L. Current, S.H. Chen, Bioorg. Med. Chem. Lett.11, (2001) 123.

Y. Usuki, K. Mitomo, N. Adachi, X. Ping, K.I. Fujita, O. Sakanaka, K. Iinuma, H. Iio, M Taniguchi,Bioorg. Med. Chem. Lett.15, (2005) 2011.

T. Uchida, Y. Kagoshima, T. Konosu Bioorg. Med. Chem. Lett.19, (2009) 2013.

H. Maria, D. Navickiene, A. C. Aleacio, M. J. Kato, V.S. Bolzani, M. C. M. Young, A. J. Cavalheiro, M. Furlan, Phytochemistry 55, (2000) 621.

R. V. Silva, H. M. D. Navickiene, M. J. Kato,V.S. Bolzani, C. I. Meda, M. C. M. Young, M. Furlan, Phytochemistry 59, (2002) 521.

A. M. Koroishi, S. R. Foss, D. A. G. Cortez , T. U.Nakamura, C. V. Nakamurad, B. P. D. Filho, J. Ethnopharmacol. 117 (2008) 270.

B. A. Kundim, Y. Itou, Y. Sakagami, R. Fudou, S. Yamanaka, M, Ojika, Tetrahedron 60, (2004) 10217.

B. Narasimhan, D. Belsare, D Pharande, V. Mourya, A.Dhake,Eur. J. Med Chem.39, (2004) 827.

T.Bruzzese, C. Rimaroli, A. Bonabello, E. Ferrari, M. SignoriniEur J Med Chem3 I, (1990) 965.

L. M. Gao, J. Matta, A. L. Rheingold, E. Melendez, J. Organomet. Chem.694, (2009) 4134.

B. S. Sastry, K. S. Babu, T. H. Babu, S. Chandrasekhar, P. V. Srinivas, A. K. Saxena, J. M. Rao, Bioorg. Med. Chem. Lett.16, (2006) 4391.

C. Srinivas, C. N. S. S. P. Kumar, B. C. Raju, V. J. Rao , V. G. M. Naidu, S. Ramakrishna, P. V. Diwan, Bioorg. Med. Chem. Lett.19, (2009) 5915.

L. D. Petrocellis, D. Melck, T. Bisogno, V. D. Marzo Chem. Phys. Lipids 108, (2000) 191.

B. F. Cravatt, A. H. Lichtman,Chem. Phys. Lipids121, (2002) 135.

R. Sabet, M. Mohammadpour, A. Sadeghi, A. Fassihi, European J. Med. Chem.45, (2010) 1113.

A. C. Serra, A. M. R.Gonsalves, M. Laranjo, A. M. Abrantes, A. C. Goncalves, A. B. S.Ribeiro, M. F. Botelho,Eur. J. Med. Chem.53, (2012) 398.

R. K. Pettit, G. D. Cage, G. R. Pettit, J. A. Liebman, International Journal of Antimicrobial Agents 15, (2000) 299.

G. C. Look, C. Vacin, T. M. Dias, S. Ho, T. H. Tran, L. L. Lee, C. Wiesner, F. Fang, A. Marra, D. Westmacott, A. E. Hromockyj, M. M. Murphy, J.R. Schullek, Bioorg. Med. Chem. Lett.14, (2004) 1423.

S. I. Maffioli, R. Ciabatti, G. Romano, E.Marzorati, M. Preobrazhenskaya, A. Pavlov, Bioorg. Med. Chem. Lett.15, (2005) 3801.

B. E.Yingyongnarongkul, N. Apiratikul, N. Aroonrerk, A. Suksamrarn, Bioorg. Med. Chem. Lett.16, (2006) 5870.

A. Thorarensen, B. D. Wakefield, D. L. Romero, K. R. Marotti, M. T. Sweeney, G. E. Zurenko, D. C. Rohrer, F. Han G. L. Bryant, Bioorg. Med. Chem. Lett.17, (2007) 2823.

G. Aridoss, S. Amirthaganesan, N. A. Kumar, J. T. Kim, K.T. Lim, S. Kabilan, Y. T. Jeong, Bioorg. Med. Chem. Lett.18 , (2008) 6542.

L. Xu, A. K. Farthing, J. F. Dropinski, P. T. Meinke, C. McCallum, P. S. Leavitt, E. J. Hickey, L. Colwell, J. Barrett, K. Liu Bioorg. Med. Chem. Lett.19, (2009) 3531.

T. J. Miles, C. Barfoot, G. Brooks, P. Brown, D. Chen, S. Dabbs, D.T. Davies, D. L. Downie, S. Eyrisch, I. Giordano, M. N. Gwynn, A. Hennessy, J.Hoover, J. Huang, G.Jones, R. Markwell, S. Rittenhouse, H. Xiang, N. Pearson, Bioorg. Med. Chem. Lett.21, (2011) 7483.

A. H. Ski, J. Janczak, J. S. Ska, Michal Antoszczak, B. Brzezinski Bioorg. Med. Chem. Lett.22, (2012) 4697.

A. I. Khalaf, N. Anthony, D. Breen, G. Donoghue, S. P. Mackay, F. J. Scott, C. J. Suckling, Eur. J. Med. Chem.46, (2011) 5343.

A. Mishra, N. K. Kaushik, A. K. Verma, R. Gupta, Eur. J. Med. Chem.43, (2008) 2189.

A. Nargotra, S. Koul, S. Sharma, I.A. Khan, A. Kumar, N. Thota, J.L. Koul, S.C. Taneja, G.N. Qazi, Eur. J. Med. Chem.44, (2009) 229.

A. Siwek, P. Staczek, J. Stefanska, Eur. J. Med. Chem.46, (2011) 5717.

K. Ohkura, A. Sukeno, H. Nagamune, H. Kourai, Bioorg. Med. Chem.13, (2005) 2579.

P. Rajakumar, A. M. A. Rasheed, P. M. Balu, K. Murugesan, Bioorg. Med. Chem. 14, (2006) 7458.

N. Thota, S. Koul, M. V. Reddy, P. L. Sangwan, I. A. Khan, A. Kumar, A. F. Raja, S. S. Andotra, G.N. Qazi, Bioorg. Med. Chem.16, (2008) 6535.

S.M. Kim, J.M. Kim, B. P. Joshi, H. Cho, K.H. Lee, Biochim. Biophys.Ata 1794, (2009) 185.

M. Sharma, S. M. Ray, Bioorg. Med. Chem Lett.17, (2007) 6790.

D. R. Silva, S. Baroni, A.E. Svidzinski, C.A. B.Amado, D.A.G. Cortez, J. Ethnopharmacol. 116, (2008) 569.

Z.A. Zakaria, H. Patahuddin, A.S. Mohamad, D.A. Israf, M.R. Sulaiman J. Ethnopharmacol. 128, (2010) 42.

J. S. Carey, D. Laffan, C. Thomson, M. T. Williams, Org Biomol Chem. 4, (2006) 2337.

W.A. Devane, L. Hanus, A. Breur, R. G. Pertwee, ,L. A. Stevenson, G. Griffin, D. Gibson, Mandelbaum, A. Etinger, R. A. Mechoulam, Science, 258, (1992) 1946.

H. Mark, N. M. Bikales, C. G. Overberger, G. Menges, 1,(1985).

N.A. Jones, E.D.T. Atkins, M.J. Hill, S.J. 29(1996)6011.

W.A. Devane, L. Hanus, A. Breur, R.G. Pertwee, ,L.A. Stevenson G. Griffin, D. Gibson, A. Mandelbaum, Etinger, R. A. Mechoulam Science, 258, (1992) 1946.

E. David Nichols. LSD e os seus primos lisergamidas. The Heffter Review of Psychedelic Research (2001) 2.

K. Waisser, J. Matyk, H. Divi_sova, P. Husakova, J. Kune_s, V. Klime_sova, J. Kaustova, U. Mollman, H.M. Dahse, M. Miko, Chem. Life Sci., 339, (2006) 616.

A. H. Christopher, H. P. Duncan, Angew. Os alcalóides encantadores de Yuzuriha, Chem. Int. Ed. Engl. 31, (1992) 665.

C. S. Kyu, V. E. Donna, F. Erkang, D. H. J. Corannulene.Andrew, Am. Chem. Soc., (1991) 113.

C. Sulekh, T. Sangeetika, T. Shalini Trans. MetalChem, 29, (2004) 925.

B. F. Cravatt, O. P. Garcia, G. Siuzdak, N. B. Gilula, S. J. Henriksen, D. L. Boger, R. A. Lerner, Science 268, (1995) 1506.

P. Rajakumar, S. Selvam, V. Shanmugaiah, M. Mathivanan, Chem. Lett., 17, (2007) 5270.

V. F.Redondo, A. Leon, T. Santiago 5,(2001) 358.

Klein CE, Gall H. 25, (1991)45.

G.X. Zhong, L.L. Chen, H.B. Li , F.J. Liu , J.Q. Hua, W.X. Hua Bioorg. Med. Chem. Lett.19, (2009) 4399.

J. Ren , Y. Wang , J. Wanga, J. Lin , K. Wei , R. Huang , 78, (2013) 53.

C. Gunanathan, Y. Ben-David, D. Milstein *Science*, 317, (2007) 790.

M. Tamuraa, T. Tonomuraa, K. Shimizub, A. Satsuma, Applied Catalysis A: General 417, (2012) 6.

D.J.C. Constable, P.J. Dunn, J.D. Hayler, G.R. Humphrey, J.L. Leazer, R.J. Linderman, K. Lorenz, J. Manley, B.A. Pearlman, A. Wells, A. Zaks, T.Y. Zhang, Green Chem. 9, (2007) 411.

R.M. Al-Zoubi, O. Marion, D.G. Hall, Angew.Chem. Int. Ed. 47, (2008) 2876.

T. Marcelli, Angew. Chem. Int. Ed. 49, (2010) 6840.

H. Charville, D. Jackson, G. Hodge, A. Whiting, Chem. Commun. 46, (2010) 1813.

K. Arnold, A.S. Batsanov, B. Davies, A. Whiting, Green Chem. 10, (2008) 123.

P. Starkov, T.D. Sheppard, Org. Biomol. Chem. 9, (2011) 1320.

N.A. Stephenson, J. Zhu, S.H. Gellman, S.S. Stahl, J. Am. Chem. Soc. 131, (2009) 10003.

J.M. Hoerter, K.M. Otte, S.H. Gellman, Q. Cui, S.S. Stahl, J. Am. Chem. Soc. 130, (2008) 647.

J.M. Hoerter, K.M. Otte, S.H. Gellman, S.S. Stahl, J. Am. Chem. Soc. 128, (2006) 5177.

D.K. Kissounko, J.M. Hoerter, I.A. Guzei, Q. Cui, S.H. Gellman, S.S. Stahl, J. Am.Chem. Soc. 129, (2007) 1776.

M. Honda, A. Suzuki, B. Noorjahan, K. Fujimoto, K. Suzuki, K. Tomishige, Chem.Commun. 12, (2009) 4596.

M. Honda, S. Kuno, N. Begum, K. Fujimoto, K. Suzuki, Y. Nakagawa, K. Tomishige,Appl. Catal. A 384, (2010) 165.

M. Honda, S. Kuno, S. Sonehara, K. Fujimoto, K. Suzuki, Y. Nakagawa, K. Tomishige, ChemCat Chem, 3, (2011) 365.

K. Tomishige, H. Yasuda, Y. Yoshida, M. Nurunnabi, B. Li, K. Kunimori, Green Chem. 6, (2004) 206.

M. Tamura, H. Wakasugi, K. Shimizu, A. Satsuma, Chem. Eur. J. 17, (2011) 11428.

S. Sato, R. Takahashi, T. Sodesawa, N. Honda, H. Shimizu, Catal. Commun.4, (2003) 77.

S. Sato, R. Takahashi, T. Sodesawa, N. Honda, J. Mol. Catal. A 221, (2004) 177.

N. Ichikawa, S. Sato, R. Takahashi, T. Sodesawa, J. Mol. Catal. A 231, (2005) 181.

A. Igarashi, N. Ichikawa, S. Sato, R. Takahashi, T. Sodesawa, Appl. Catal. A 300, (2006) 50.

N. Ichikawa, S. Sato, R. Takahashi, T. Sodesawa, H. Fujita, T. Atoguchi, A. Shiga, J. Catal. 239, (2006) 13.

S. Sato, R. Takahashi, T. Sodesawa, A. Igarashi, H. Inoue, Appl. Catal. A: Gen. 328, (2007) 109.

S. Hsiao, W. Leu, European Polymer Journal 40, (2004) 2471.

J. McNulty , R. Vemula , V. Krishnamoorthy , A. Robertson, Tetrahedron 68, (2012) 5415.

Y.Q. Cao, G.Q. Wu, Y.B. Li, B.H. Chen, Synth. Commun.36, (2006) 3353.

M. Armstrong, J. E. Copenhaver, J. Am. Chem. Soc. 65, (1943), 2252.

R. Qiu, G. Zhang, X. Ren, X .Xu, R.Yang , S. Luo, S. Yin, J. Organomet. Chem. 695, (2010) 1182.

T.Sato, S. Kawasaki, N. Oda, S. Yagi, S. A. A. El Bialy, J.Uenishi, M. Yamauchi, M. Ikeda, J. Chem. Soc., Perkin Trans. 1,(2001) 2623.

J.J. Kim, Y.D. Park, D.H. Kweon, Y.J. Kang, H.-K.Kim, S.-G. Lee, S.-D.Cho, W.S.Lee, Y.Yoon, J. Bull. Korean Chem. Soc. 25,(2004), 501.

C. Bourne, S. Roy, J. L. Wiley, B. R. Martin, B. F. Thomas, A.Mahadevan, R. K. Razdan, Bioorg. Med. Chem. 15, (2007) 7850.

E. R. Murphy, J. R. Martinelli, N. Zaborenko, S. L. Buchwald, Jensen, K. F. Angew. Chem., Int. Ed. 46, (2007) 1734.

M. Ihara, M. Takahashi, N. Taniguchi, K. Yasui, K. Fukumoto, T. Kametani, J. Chem. Soc., Perkin Trans. 1, (1989) 897.

K. Ishihara, M. Kubota, H. Kurihara, H. Yamamoto, J. Org. Chem. 61,(1996) 4560.

K. Sisido, K. Kumazawa, H. Nozaki, J. Am. Chem. Soc. 82, (1960) 125.

A. K. Chakraborti, Shivani. J. Org. Chem. 71, (2006) 5785.

J. M. McIntosh, R. Thangarasa, N. K. Foley, D. J. Ager, D. E. Froen, R. C.Klix, Tetrahedron 50, (1994) 1967.

M. Szlosek, X. Franck, B. Figadere, A. Cave, J. Org. Chem. 63,(1998) 5169.

E. M. Jarho, J. I. Venalainen, S. Poutiainen, H. Leskinen, J.Vepsalainen, J. A. M. Christiaans, M. M. Forsberg, P. T. Mannisto, E. A. A. Wallen, Bioorg. Med. Chem, 15, (2007) 2024.

M. B. Smith, March, J. Advanced Organic Chemistry, 5th ed.; Wiley: Nova Iorque, NY, (2001) 484.

J. McNulty, S. Cheekoori, J. J. Nair, V.Larichev, A.Capretta, A. Robertson, J. Tetrahedron Lett. 46, (2005) 3641.

O. Mitsunobu, M. Yamada, Bull. Chem. Soc. Jpn. 40, (1967) 2380.

R. Dembinski, Eur. J. Org. Chem. (2004) 2763.

J. Inanga, K. Hirata, H. Saeki, T. Katsuki, M. Yamaguchi, Bull. Chem. Soc. Jpn. 52, (1979) 1989.

H. J. Liu, W. H. Chan, S. P. Lee, Tetrahedron Lett.19, (19780 4461).

A. Katritzky, S. Strah , S. A. Belyakov, Tetrahedron, 54, (1998), 7167.

A. R. Katritzky, K. Yannakopoulou, W. Kuzmierkiewicz, J. M. AmTecechea, G. J. Palenik, A. E. Koziol, M. Szczesniak, R. Skarjune, Chem. Soc., Perkin Trans. 1, (1987) 2673.

A. R. Katritzky, K. Yannakopoulou, Synthesis (1989) 747.

P. Perlmutter, M. Tabone, J.Org.Chem. 60, (1995) 6515.

Molander, G. A.; Stengel, P. J. J. Org. Chem. 60, (1995) 6660.

J. R. L. Smith, J. S.Sadd , J. Chem. Soe., Perkin Trans. 1,(1975) 1181.

A. R. Katritzky , K. Yannakopoulou, Heterocycles 28,(1989), 1121.

B. Rachwal, A. R. Katritzky, Rachwal, S. J. Org. Chem. 61,(1996) 3117.

D. Toader, A. R. Katritzky, Jiang, J. Org. Prep. Proced.Int. 27, (1995) 179.

M. Drewniak, A. R. Katritzky, J. Chem. Soc., Perkin Trans. 1, (1988), 2339.

J. H. Burckhalter, V. C. Stephens, L. A. R. Hall, Am. Chem. Soc. 74, (1952) 3868.

J. R. Malpass, I. O. Sutherland, Ed.; Pergamon Press: Oxford, 2, (1979) 3.

J. E. Reimann, R. U. Byerrum, Zabicky, J. Ed.; Interscience Publishers: Londres, (1970)601.

H. Freytag, F. Muer, G. Pieper, E. Moller, Ed.; G. Thieme Vedag: Stuttgart, XI/2, (1958) 1.

G. Yao, X. Lan, X. Zhao, A. R. Katritzky, J. Org. Chem. 58, (1993) 2086.

K. Yaunakopoulou, P. Lue, D. Rasala, L. Urogdi, A. R. Katritzky, J. Chem. Soc., Perkin Trans.

1, (1989) 225

M. Drewniak, P. Luc, A. R. Katritzky, J. Org. Chem. 53, (1988) 5854.

M. J. Dunn, R. F. W. Jackson, Tetrahedron 53, (1997) 13905.

M. R. Saidi, H. R. Khalaji, J. Ipaktschi, J. Chem. Soc., Perkin Trans. 1,(1997), 1983.

T. M. Stevenson, A. S. B. Prasad, J. R. Citincni, P. Knochel, Tetrahedron Lett.37, (1996) 8375.

V. V. Suresh Babu, G. R. Vasanthakumar , S. J. Tantry, Tetrahedron Letters, 46, (2005) 4099.

L. Bircofer, A. Ritter, Chem. Ber.93, (1960) 424.

P. Neuhausen, L. Bircofer, A. Ritter, Liebigs Ann. Chem. 659, (1962) 190.

T. Lukkainen, W. J. VandenHeuvel, E. C.Horning, Biochem. Biophys.Ata 62, (1962) 153.

Z. Horii, M. Makita, Y. Tamura, Chem. Ind. 5, (1965) 1494.

S. Rajeswari, R. J. Jones, M. P. Cava, Tetrahedron Lett.28, (1987) 5099.

Podlech, M. Felix, A. Moroder, L. Toniolo, C. Eds, George Thieme Verlag Stuttgart: New York, 22, (2002) 141.

J. Hils, K. Ruehlmann, Chem. Ber.100, (1967) 1638.

H. R. Kricheldorf, J. Liebigs Ann. Chem. 763, (1972) 17.

L. A. Carpino, H.-G. Chao, M. Beyermann, M.Bienert, J. Org. Chem. 56,(1991) 2635.

R.H. Mattern, S. P.Gunasekera, O. McConnell, J. Tetrahedron Lett.38, (1997) 2197.

J. F. Klebe, H. Finkbeiner, D. M. White, J. Am. Chem. Soc. 88, (1966) 3390.

H. Wenschuh, M. Bayermann, R. Winter, M. Bienert, D. Ionescu, L. A. Carpino, Tetrahedron Lett.37, (1996) 5483.

K. M. Sivanandaiah, V. V. Suresh Babu, H. C. Renukeshwar, Int. J. Peptide Protein Res. 39, (1992) 201.

S. C. Shankaramma, K. M. Sivanandaiah, V. V. Suresh Babu, Int. J. Peptide Protein Res. 44, (1994) 24.

V. V. Suresh Babu, H. N. Gopi, Ind. Chem. Soc. 75, (1998) 511.

H. N. Gopi, V. V. Suresh Babu, Tetrahedron Lett.39, (1998) 9769.

K. Ananda, V. V. Suresh Babu, J. Peptide Res. 57, (2001) 223.

J.G. Rodriguez, M.V. Rosa, S. Ramos, New J. Chem. (1998) 865.

K. M. Sivanandaiah, V. V. Suresh Babu, S. C. Shankaramma, Ind. J. Chem. 31, (1992) 379.

V. V. Suresh Babu, K. Ananda, G.R. Vasanthakumar, J. Chem. Soc., Perkin Trans 1, (2000) 4328.

L. A. Carpino, J. Org. Chem. 53, (1988) 875.

K. Ananda, H. N. Gopi, V. V. Suresh Babu, Lett.Peptide Sci. 5, (1998) 277.

J. Zhu, Y. Zhang , F. Shi, Y. Deng, Tetrahedron Lett., 53, (2012) 3178.

S.Y. Han, Y.A. Kim, Tetrahedron 60, (2004) 2447.

C. Gunanathan, Y. Ben-David, D. Milstein, Science 317, (2007) 790.

L. U. Nordstrom, H. Vogt, R. Madsen, J. Am. Chem. Soc. 130, (2008) 17672.

Y. Zhang, C. Chen, S. C. Ghosh, Y. X. Li, S. H. Hong, Organometallics 29, (2010) 1374.

A. J. A. Watson, A. C. Maxwell, J. M. Williams, J. Org. Lett.11, (2009) 2667.

H. X. Zeng, Z. B. Guan, J. Am. Chem. Soc. 133, (2011) 1159.

S. C. Ghosh, S. Muthaiah, Y. Zhang, X. Y. Xu, S. H. Hong, Adv. Synth. Catal. 351,(2009) 2643.

J. H. Dam, G. Osztrovszky, L. U. Nordstrom R. Madsen, Chem. Eur. J. 16, (2010) 6820.

S. Muthaiah, S. C. Ghosh, J. E. Jee, C. Chen, J. Zhang, S. H. Hong, J. Org. Chem. 75, (2010) 3002.

A. Nova, D. Balcells, N. D. Schley, G. E. Dobereiner, R. H. Crabtree, O. Eisenstein, Organometallics 29, (2010) 6548.

J. A. Zhang, M. Senthilkumar, S. C. Ghosh, Hong, S. H. Angew.Chem., Int. Ed. 49, (2010) 6391.

C. Chen, Y. Zhang, S. H. Hong, J. Org. Chem. 76, (2011) 10005.

N. D. Schley, G. E. Dobereiner, R. H. Crabtree, Organometallics 30, (2011) 4174.

T. Zweifel, J. V. Naubron, H. Grutzmacher, Angew. Chem., Int. Ed. 48, (2009) 559.

K. Shimizu, K. Ohshima, A. Satsuma, Chem. Eur. J. 15, (2009) 9977.

Y. Wang, D. Zhu, L. Tang, S. Wang, Z. Wang, Angew.Chem., Int. Ed. 50, (2011) 8917.

J. F. Soule, H. Miyamura, S. Kobayashi, J. Am. Chem. Soc. 133,(2011) 18550.

S. K. Klitgaard, K. Egeblad, U. V. Mentzel, A. G. Popov, T. Jensen, E. Taarning, I. S. Nielsen, Christensen, C. H. Green Chem. 10, (2008) 419.

C. L. Allen, J. M. Williams, J. Chem. Soc. Rev. 40, (2011) 3405.

C. Chen, S. H. Hong, Org. Biomol. Chem. 9, (2011) 20.

G. E. Dobereiner, R. H. Crabtree, Chem. Rev. 110, (2010) 681.

R.S. Varma, K. P. Naicker, Tetrahedron Lett.40, (1999) 6177.

M. North, Contemp. Org. Synth.1, (1994) 475.

A. Basha, M. Lipton, S. M. Weinreb, Tetrahedron Lett.(1977) 4171.

R. J. De Feo, *P. D.* Strickler, J. Org. Chem. 28, (1963) 2915.

E. M. Levi, C. L. Mao, C. R. Hauser, Can. J. Chem. 47,(1969) 3761.

R. W. Holley, A. W. Holly, J. Am. Chem. Soc. 71, (1949) 2124.

T. H. Chart, L. T. L. Wong, J. Org. Chem. 34,(1969) 2766.

H. Yazawa, K. Tanaka, K. Kariyone, Tetrahedron Lett.2 (1974) 3995.

W.B. Wang, E. J. Roskamp, J. Org. Chem. 57, (1992) 6101.

V. B. Rao, C. E. George, S. Wolff, W. C. Agosta, J. Am. Chem. Soc. 107, (1975) 5732.

R. E. Dolle, K. Nicolaou, C. J. Am. Chem. Soc. 107, (1985) 1695.

D. J. Hart, W. E Hong, L.Y. Z. Hsu, Org. Chem. 52, (1977) 4665.

G. Chandra, T. A. George, M. E. Lappert, J. Chem. Soc. C (1969) 2565.

M. Riviere-Baudet, A. Morere, M. Dias, Tetrahedron Lett. 33, (1992) 6453.

R. S. Varma,. D. Clark, W. Sutton, D. Lewis, Eds.; American Ceramic Society, 80, (1997) 357.

A. K. Chatterjee, M. Varma, R. S. Varma, Tetrahedron Lett.34, (1993) 3207.

M. Varma,R. S. Varma, A. K. Chatterjee, J. Chem. Soc., Perkin Trans. 1, (1993) 999.

R. K. Saini, R. S. Varma, Tetrahedron Lett.38, (1997) 2623.

R. S. Varma, R.Dahiya, Tetrahedron 54, (1998) 6293.

R. S. Varma, K. P. Naicker, P. Liesen, J. Tetrahedron Lett. 39, (1998) 8437.

W. C. Chou, C. W. Tan, S. E. Chert, H. Ku, J. Org. Chem. 63, (1998) 10015.

A. Baldessari, C. P. Mangone, Journal of Molecular Catalysis B: Enzymatic, 11, (2001) 335.

M.P. Koskinen, A.M. Klibanov, B. Cambou, A.M. Klibanov, J. Am. Chem. Soc. 106, (1984) 2687.

A. Baldessari, L.E. Iglesias, E.G. Gros, Biotechnol.Lett.16, (1994) 479.

L.E. Iglesias, A. Baldessari, Anal.Asoc.Quim.Arg. 86, (1998) 203.

L. E. Iglesias, A. Baldessari, Bioorg. Med. Chem. Lett. 6, (1996) 583.

L. E. Iglesias, A. Baldessari, E.G. Gros, Biotechnol.Lett.20, (1997) 275.

A. Baldessari, M.S. Maier, E.G. Gros, Tetrahedron Lett.36 (1995) 4349.

A. Zaks, A. M. Klibanov, Proc. Natl. Acad. Sci. U. S. A. 82, (1985) 3192.

J. E.So, S. H. Kang, B. G. Kim, Enzyme Microb.Technol. 23, (1998) 211.

A. L. Margolin, D. F. Tai, A. M. Klibanov, J. Am. Chem. Soc 109, (1987) 7885.

T. Maugard, M. Remaurd-Simeon, D. Petre, P. Monsan, Tetrahedron 53, (1997) 7587.

V. M. Sanchez, F. Rebolledo, V. Gotor, J. Org. Chem. 64, (1999) 1464.

M. J. Garcia, F. Rebolledo, V. Gotor, Tetrahedron: Asymmetry 4, (1993) 2199.

V. M. Sanchez, F. Rebolledo, V. Gotor, Tetrahedron: Asymmetry 8, (1997) 37.

M. C. de Zoete, A.C. Kock-van Dalen, F. van Rantwijk, R.A. Sheldon, J. Chem. Commun.(1993) 1831.

M. C. de Zoete, A. C. Kock-van Dalen, F. van Rantwijk, R.A. Sheldon, Biocatalysis 10, (1994) 307.

M .A. P. J. Hacking, M. A. Wegman, J. Rops, F. van Rantwijk, R.A. Sheldon, J. Mol. Catal. B: Enzym. 5, (1998) 155.

M. C. de Zoete, A. C. Kock-van Dalen, F. van Rantkijk, R.A. Sheldon, J. Mol. Catal. B: Enzym. 2, (1996) 19.

I. Cavero, P. E. Hicks, Br. J. of Pharmacol.86, (1985) 612.

A. Jardin, H. Bensadoun, M. C. Delauche-Cavallier, P. Attali, Lancet 337, (1991) 1457.

S. J. Berry, D. S. Coffey, P. C. Walsh, L.L. Ewing, J. Urol. 132, (1984) 474.

P.M. Manoury, J.L. Binet, A.P. Dumas, F. Lefebvre-Borg, I. Cavero, J. Med. Chem. 29, (1986) 19.

M. Benn, K.N. Vohra, Can. J. Chem. 54, (1976) 136.

A. Basha, S.M. Weinreb, Tetrahedron Lett.17, (1977) 1465.

S. Puertas, F. Rebolledo, V. Gotor, Tetrahedron 5, (1995)1495.

D. Giardina, L. Brasili, M. Gregori, M. Massi, M.T. Picchio, W. Quaglia, C. Melchiorre, J. Med. Chem. 32, (1989) 50.

S. Ancizu, E. Moreno, B. Solano, R. Villar, A. Burguete, E. Torres, S. Perez-Silanes , I. Aldana, A. Monge, Bioorg. Med. Chem.18, (2010) 2713.

J. Ren, Y. Wang, J. Wanga, J. Lin, K. Wei, R. Huang, Steroids 78, (2013) 53.

B. G. Hazra, V. S. Pore, S. K. Dey, S. Datta, M. P. Darokar, D. Saikia, S. P. S. Khanuja e A.P. Thakur, Bioorg. Med. Chem. Lett. 14, (2004) 773.

G. X. Zhong , J. Q. Hu, K. Zhao, L. L. Chen, W. X. Hu, M. Y. QiuBioorg. Med. Chem. Lett. 19, (2009) 516.

S. K. Khare , A. Kumar, T. M. Kuo, Bioresour. Technol.100, (2009) 1482.

Buy your books fast and straightforward online - at one of world's fastest growing online book stores! Environmentally sound due to Print-on-Demand technologies.

Buy your books online at
www.morebooks.shop

Compre os seus livros mais rápido e diretamente na internet, em uma das livrarias on-line com o maior crescimento no mundo! Produção que protege o meio ambiente através das tecnologias de impressão sob demanda.

Compre os seus livros on-line em
www.morebooks.shop